人工智能赋能
网络安全

南京南瑞信息通信科技有限公司　组编

中国电力出版社
CHINA ELECTRIC POWER PRESS

内容提要

随着信息技术的飞速发展，网络安全已成为现代社会不可或缺的基础保障。网络攻击手段的不断升级和多样化，使得传统安全防御技术面临严峻挑战。本书旨在系统探讨 AI 技术在网络安全领域的应用与实践。

本书共计五章：第一章概述网络安全形势及 AI 赋能网络安全的演进历程。第二章阐述隐马尔可夫模型 (HMM)、卷积神经网络 (CNN)、循环神经网络 (RNN) 及 Transformer 模型的技术原理，重点介绍其在网络流量异常检测、用户行为分析、日志异常识别等场景中的应用。第三章围绕图神经网络 (GNN) 架构，分析其在属性图异常检测、恶意代码识别及高级持续性威胁溯源中的应用。第四章阐述大语言模型 (LLM) 训练方法（增量预训练、指令微调、强化学习），并展示其在渗透测试、威胁情报分析、漏洞检测等场景中的自动化应用实践；第五章探索 AI 技术在可解释性、模型优化和本体安全方面的前沿进展。

本书可供信息通信科技人员参考使用。

图书在版编目（CIP）数据

人工智能赋能网络安全 / 南京南瑞信息通信科技有限公司组编 . -- 北京：中国电力出版社，2025.9 .

ISBN 978-7-5239-0210-3

Ⅰ. TP393.08

中国国家版本馆 CIP 数据核字第 2025KB6325 号

出版发行：中国电力出版社

地　　址：北京市东城区北京站西街 19 号（邮政编码 100005）

网　　址：http://www.cepp.sgcc.com.cn

责任编辑：周秋慧　王　南（010-63412876）

责任校对：黄　蓓　郝军燕

装帧设计：赵姗姗

责任印制：石　雷

印　　刷：北京博海升彩色印刷有限公司

版　　次：2025 年 9 月第一版

印　　次：2025 年 9 月北京第一次印刷

开　　本：787 毫米 × 1092 毫米　16 开本

印　　张：12

字　　数：198 千字

定　　价：99.00 元

编委会

主　编　杨维永

副主编　魏兴慎　刘　苇　朱世顺

参　编　张浩天　李　科　熊天民　黄益彬
　　　　刘　行　高　鹏　申锦涛　程　宇
　　　　祖　航　王　伟　周　剑　李慧水
　　　　郭　靓　韩　勇　刘　寅　曹永健
　　　　朱孟江　祁龙云　孙连文　梁越嘉
　　　　孙汉锴　徐文耀　徐项帅　张付存
　　　　程长春　陕大诚　王清华

前 言

随着信息技术的飞速发展，网络安全已成为现代社会不可或缺的基础保障。然而，网络攻击手段的不断升级和多样化，使得传统安全防御技术面临严峻挑战。从震网病毒到勒索软件，从APT攻击到供应链威胁，网络安全事件频发，不仅造成巨大经济损失，甚至威胁国家安全和社会稳定。传统安全技术依赖规则和特征匹配，难以应对未知威胁和复杂攻击。在此背景下，人工智能（AI）技术的崛起为网络安全领域带来了新的机遇。AI凭借其强大的数据处理、模式识别和自适应学习能力，正在成为提升网络安全防御水平的关键工具。

本书由南京南瑞信息通信科技有限公司组织编写，旨在系统探讨AI技术在网络安全领域的应用与实践。本书不仅梳理了AI赋能网络安全的技术脉络，还通过实际案例展示了AI在威胁检测、安全防御和运营优化中的多元应用，为读者提供了理论与实践相结合的学习资源。

全书共分为五章：第一章概述网络安全形势及AI赋能网络安全的演进历程。第二章阐述隐马尔可夫模型（HMM）、卷积神经网络（CNN）、循环神经网络（RNN）及Transformer模型的技术原理，重点介绍其在网络流量异常检测、用户行为分析、日志异常识别等场景中的应用。第三章围绕图神经网络（GNN）架构，分析其在属性图异常检测、恶意代码识别及高级持续性威胁溯源中的应用。第四章阐述大语言模型（LLM）训练方法（增量预训练、指令微调、强化学习），并展示其在渗透测试、威胁情报分析、漏洞检测等场景中的自动化应用实践。第五章探索AI技术在可解释性、模型优化和本体安全方面的前沿进展。本书可供信息通信技术人员参考使用。

人工智能既能用来提升网络空间安全，又会带来新的风险与挑战。基于人工智能技术提升网络空间主动防御能力，是保障网络空间安全的重要途径。为此，需加强人工智能用于网络空间安全防御关键技术的研究，推动有效网络攻击的智能化检测，加快人工智能技术在安全运营中的应用，推动人工智能技术在网络空间领域的良性发展与应用，全面提升我国网络空间安全保障能力。

由于人工智能技术的快速发展，本书仅针对序列相关人工智能模型及其应用进行了阐述，无法覆盖所有的研究。另外，由于团队的研究领域有一定的局限性，无法全面表示人工智能赋能网络安全的所有场景。所以本书只求抛砖引玉，仅就关注到的人工智能技术，以及在网络安全专业中应用场景进行了粗浅论述，疏漏之处，还望读者见谅。本文多处引用互联网相关研究成果，再次对相关学术界和产业界的科研人员提供的关键和研究成果表示感谢。

编　者

2025 年 7 月

目 录
///// CONTENTS /////

第一章
网络安全概述

本章分析全球网络安全严峻态势，以震网病毒、Log4j2 漏洞等为例，揭示攻击手段向智能化、复杂化演进趋势，指出传统防护技术在未知威胁检测、APT 攻击应对等方面的局限性。

第一节
网络安全形势及面临的挑战

一、网络安全事件频发

随着信息技术的飞速发展，网络已成为现代社会不可或缺的基础设施。然而，网络的普及和应用也带来了日益严峻的网络安全问题。网络攻击、数据泄露、身份盗窃等安全事件频发，给个人、企业乃至国家安全带来了巨大的威胁。近年来，以破坏信息基础设施为目的的网络攻击规模和烈度逐年递增，攻击复杂性持续上升。电力等关键信息基础设施成为敌对势力和有组织黑客团伙的主要打击目标之一，一旦防线失守，轻则导致系统失灵，重则引起电力瘫痪，甚至造成大面积停电，危及国计民生及国家安全。

1. 伊朗核电站震网病毒

2010年6月17日，白俄罗斯一家公司的安全研究人员发现了一种能感染可移动存储设备的恶意软件——震网病毒。它是一种蠕虫病毒，是第一个专门定向攻击真实世界中基础设施的蠕虫病毒，以夺取工业用电脑系统的控制权为主要目标，例如核电站、水坝、电网、石油等基础设施。2010年11月，伊朗核电厂的上千台离心机瘫痪，整个网络系统瘫痪时间长达一小时，直接导致伊朗核计划倒退了两年，世界也第一次见证了网络战的巨大威力，世人为之震惊。这一病毒采用了漏洞利用、无符号驱动程序、自我复制和远程控制等技术渗透伊朗的核设施，侵入成功后立即干扰了核电站设备的正常运行。此外，震网病毒还利用自我变异技术，不断修改自身代码，从而规避检测和清除，提高了其隐蔽性。震网病毒引发了广泛的关注，表明网络安全与国际政治之间紧密交织的关系，并突显了网络攻击对关键基础设施和全球安全构成的潜在威胁。

全球网络安全厂商逐步证实更加复杂的"毒曲"（Duqu）"火焰"（Flame）"高斯"（Gauss）等病毒与"震网"同源，与其同期甚至更早前就已经开始传播。与震网病毒不同，Duqu 在受感染系统中主要作用为可以从后门盗取机密信息（网络间谍活动）。震网和毒曲、火焰、高斯、Fanny、Flowershop 的关系图如图 1-1 所示。

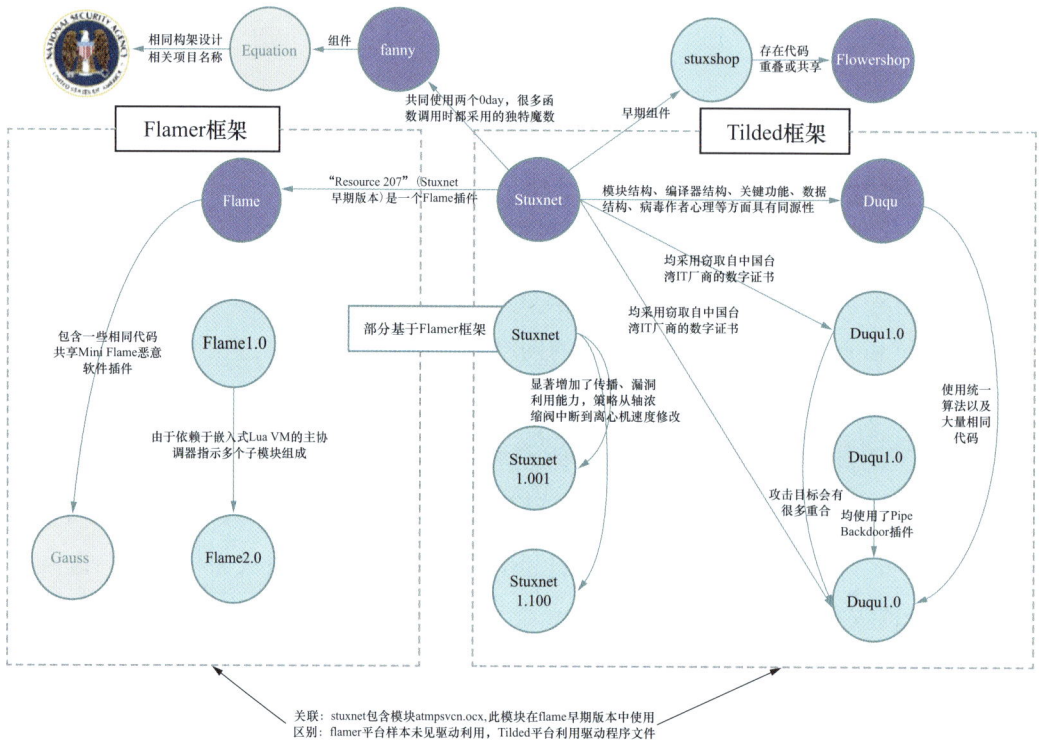

▲ 图 1-1　震网和毒曲、火焰、高斯、Fanny、Flowershop 的关系图

2. 美国输油管道勒索病毒

2021 年 5 月 7 日，美国最大燃油运输管道运营商克罗尼尔（Colonial Pipeline）遭遇黑暗面组织（Darkside）勒索软件攻击，攻击者在短时间内获取了 100G 数据并锁定相关服务器等设备数据，该公司当日支付了约 440 万美元。为防止攻击扩散到相关系统和设备，该公司被迫暂停了所有的管道作业网络及燃油输送业务，事件造成美国东海岸 17 个州和华盛顿特区约 5000 万用户受影响。在这一事件中，Darkside 是一个提供勒索软件即服务的组织，其附属机构在网上部署了多个活动集群，用于提供

在线病毒定制服务，目前已对超过15个国家的能源、制造、金融服务、法律、零售和技术等行业和组织造成影响。

美国输油管道勒索病毒如图1-2所示，目前活跃在市面上的勒索攻击病毒种类繁多，而且每个家族的勒索病毒也处于不断地更新变异之中，极高频率的变种使得基于病毒特征库的传统杀毒软件在应对海量新型勒索病毒时，毫无用武之地。并且勒索攻击形式多样，有文件加密、数据窃取、系统加密和屏幕锁定四种主要形式，造成的后果严重。终端检测与响应（EDR）等产品虽然能够响应并阻断这些攻击，但其生效的前提是勒索病毒已经展现攻击行为。响应阻断的措施滞后，往往导致不可挽回的损失。此外，勒索攻击已明显具备了高级持续威胁（APT）攻击的特征。勒索攻击通常采用漏洞利用、钓鱼邮件、移动介质、供应链和远程桌面等方式进行传播。传统的安全解决方案，如防火墙和入侵检测系统（IDS），已经无法有效地阻止勒索病毒的广泛传播。

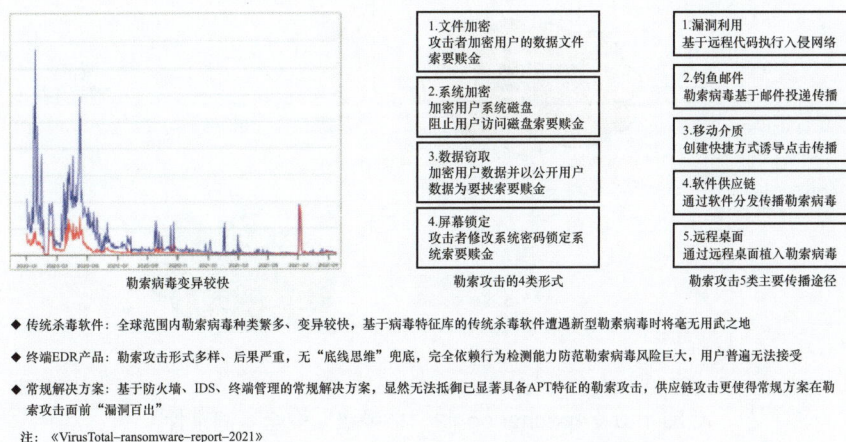

勒索病毒变异较快 | 勒索攻击的4类形式 | 勒索攻击5类主要传播途径

◆ 传统杀毒软件：全球范围内勒索病毒种类繁多、变异较快，基于病毒特征库的传统杀毒软件在应对新型勒索病毒时将毫无用武之地

◆ 终端EDR产品：勒索攻击形式多样、后果严重，无"底线思维"兜底，完全依赖于检测能力防范勒索病毒风险巨大，用户普遍无法接受

◆ 常规解决方案：基于防火墙、IDS、终端管理的常规解决方案，显然无法抵御已显著具备APT特征的勒索攻击，供应链攻击更使得常规方案在勒索攻击面前"漏洞百出"

注：《VirusTotal-ransomware-report-2021》

▲ 图 1-2 美国输油管道勒索病毒

3. ApacheLog4j2 "核弹级" 安全漏洞事件

ApacheLog4j2是一个广泛使用的Java日志记录库，被许多企业级应用和服务所采用。2021年12月，Apache开源项目ApacheLog4j2被曝出一个严重的安全漏洞（CVE-2021-44228），也被称为"Log4Shell"。该漏洞允许攻击者在不需要身份验证的情况下，远程执行任意代码，这引发了广泛的关注和紧急修复行动。该漏洞影响范围极大，且利用方式十分简单，90%以上基于java开发的应用平台都会受到影响，堪称"核弹级"漏洞。该漏洞甚至被认为可能是"计算机历史上最大的漏洞"。该漏洞的根源在于其日志记录功能处理用户输入的方式。具体来说，当Log4j记录某些特定格式的日志消息时，会触发访问命名和目录服务的API（Java Namingand Directory Interface，JNDI）查找。JNDI允许从轻型目录访问协议（Lightweight Directory Access Protocol，LDAP）等服务获取对象并执行相关代码。攻击者可以通过构造特定的日志消息，利用JNDI查找机制，从攻击者控制的LDAP服务器加载恶意代码并在受害者系统上执行。这种远程代码执行（RCE）能力使得漏洞非常危险。ApacheLog4j2"核弹级"安全漏洞事件见图1-3。

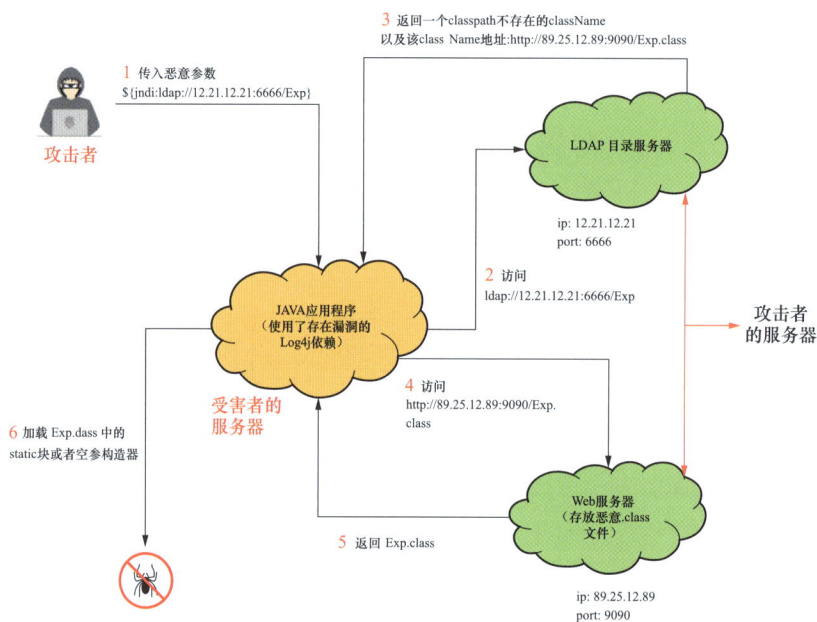

▲ 图 1-3　ApacheLog4j2"核弹级"安全漏洞事件

利用该漏洞的攻击主要分为以下几个步骤。

（1）构造恶意输入：攻击者构造一个恶意的日志消息，其中包含特定的JNDI查找字符串。

（2）触发日志记录：攻击者将恶意输入传递给受影响的应用程序。例如，通过HTTP请求的User-Agent头、请求参数、日志消息等多种方式，将恶意字符串发送到使用Log4j记录日志的地方。

（3）JNDI查找执行：Log4j在处理日志消息时，解析并执行JNDI查找请求。受害系统会连接到攻击者控制的LDAP服务器。

（4）加载恶意代码：LDAP服务器响应包含一个指向恶意Java类的引用，受害系统下载并加载该类，执行其中的恶意代码。

（5）远程代码执行：恶意代码在受害系统上执行，攻击者可以实现各种恶意行为，包括但不限于：窃取敏感数据、安装后门程序以及横向移动，进一步入侵网络中的其他系统。

4. 乌克兰电网攻击事件

2015年12月23日，乌克兰西部伊万诺—弗兰科夫斯克地区发生大面积停电，共有7座110kV变电站和23座35kV变电站全停，停电持续6h之久，影响客户达8万个，影响人口达140万人。乌克兰国家安全局声明，该事件发生的同时，乌克兰至少三个地区电力系统也遭受了恶意软件攻击。我国联合分析组认为这是一起以电力基础设施为目标，以Black Energy等相关恶意代码为主要攻击工具，通过BOTNET体系进行前期的资料采集和环境预置；以邮件发送恶意代码载荷为最终攻击的直接突破入口，通过远程控制SCADA节点下达指令为断电手段；以摧毁破坏SCADA系统实现迟滞恢复和状态致盲；以DDoS服务电话作为干扰，最后达成长时间停电并制造整个社会混乱的具有信息战水准的网络攻击事件。值得特别注意的是，本次攻击的攻击点并不在电力基础设施的纵深位置，同时亦未使用零日漏洞，而是完全通过恶意代码针对PC环节的投放和植入达成的（见图1-4），其攻击成本相对震网、方程式等攻击显著降低，但同样直接有效。

在事件过去接近一年后，乌克兰还发生了第二起断电事件，乌克兰国家电力运营商Ukrenergo的网络中被植入了一种被称为Industroyer或Crash Override的恶意软件，破

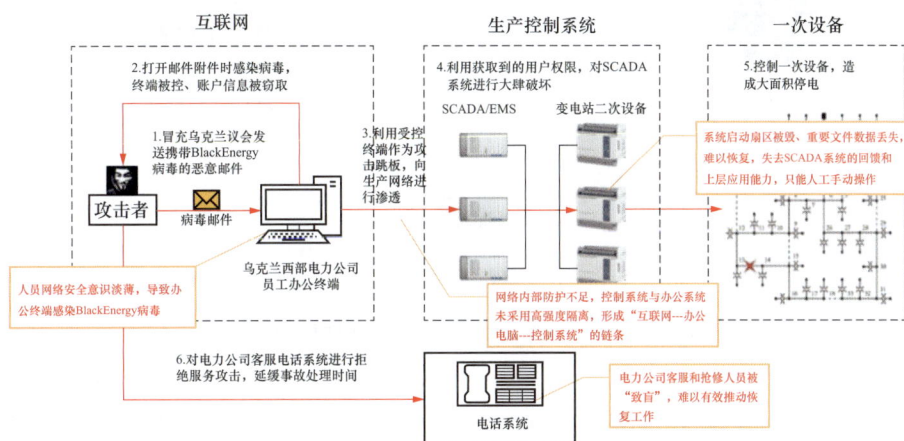

▲ 图 1-4　乌克兰电网攻击事件

坏了乌克兰首都基辅附近一个传输站的所有断路器，从而导致首都大部分地区断电。

5. 西北工业大学 APT 事件

2022年6月22日，西北工业大学发布了一份《公开声明》，宣称该校遭受到境外网络攻击。中国国家计算机病毒应急处理中心和360公司共同还原了这次攻击事件的整体情况，包括技术特征、攻击工具、路径和攻击来源，初步判断这次攻击活动来源于美国国家安全局（NSA）的"特定入侵行动办公室"（Office of Tailored Access Operation，TAO）。

TAO使用了"酸狐狸"平台（Foxacid），对西北工业大学的内部主机和服务器实施了中间人劫持攻击，同时部署了"怒火喷射"远程控制武器，用以操控多台关键服务器。通过木马级联控制渗透方式，他们深入渗透了西北工业大学的内部网络，依次控制了运维网和办公网的核心网络设备、服务器以及终端设备，并获得了西北工业大学内部路由器、交换机等重要网络节点设备的控制权，整个过程如图1-5所示。在这个过程中，攻击者窃取了身份验证数据，并不断扩展渗透，最终实现了对西北工业大学内部网络的隐蔽控制。

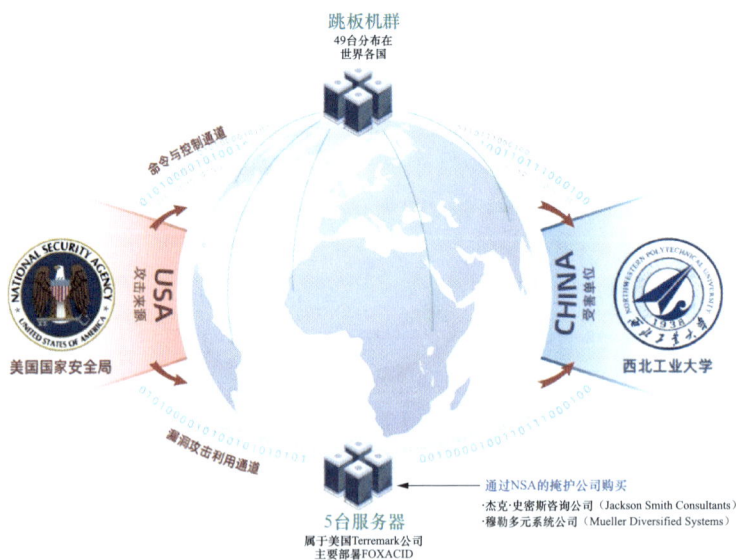

▲ 图1-5 西北工业大学 APT 事件攻击流程

从2010年伊朗震网病毒事件到2021年美国Colonial Pipeline勒索攻击，再到2022年西北工业大学遭遇的网络攻击，这些案例充分展示了网络安全威胁的严重性和多样性。无论是通过恶意代码入侵电力基础设施，还是利用勒索软件攻击输油管道，抑或是通过高级持续威胁（APT）对高校网络进行渗透，网络攻击的手段都在不断演变，攻击者的目标也愈加广泛。这些事件不仅造成了经济损失和社会混乱，也暴露出传统网络安全措施的不足，凸显了建立强大网络防御体系的迫切性。网络攻击者利用先进的技术手段，如零日漏洞、APT攻击等，可以轻易绕过传统的安全防线。因此，探索新的网络安全防御技术，提高防御的智能化和自动化水平，已成为迫切需要解决的问题。

二、网络攻击手段不断迭代升级

网络攻击的历史可以追溯到20世纪80年代，当时的攻击手段主要是计算机病毒和蠕虫。这些恶意软件通过感染计算机系统来复制自己，并在网络中传播。1988年的Morris蠕虫就是一个典型的例子，它通过漏洞迅速传播，导致了当时互联网的第一次大规模瘫痪。虽然这些攻击手段在技术上相对简单，但它们揭示了网络安全的脆弱性。随着互联网的普及，攻击者开始利用人类的弱点进行钓鱼攻击和社会工程学攻击。钓鱼攻击通过伪装成合法的电子邮件或网站，诱使受害者泄露敏感信息，如用户名、密码和信用卡信息。社会工程学攻击则通过欺骗和操纵，获取受害者的信任，从而获得未授权的访问权限。这些攻击手段依赖于人的疏忽和信任，通常很难通过技术手段完全防御。随着攻击机制不断升级，网络攻击呈现多样化的演进趋势，表现为：外部攻击向内部威胁演进、网络攻击向数据攻击演进、网络攻击向供应链攻击演进、网络攻击向CPS攻击演进、单步攻击向APT攻击演进以及手动攻击向自动攻击演进等。

1. 外部攻击向内部威胁演进

传统的网络攻击主要是外部攻击者通过互联网对目标网络系统进行非法入侵，获取敏感信息或破坏系统功能。然而，随着防御技术的提升，外部攻击越来越难以奏效，攻击者开始将注意力转向内部威胁，网络攻击从外部攻击向内部威胁演进成为一种明显的趋势。

外部攻击者通常通过网络漏洞、恶意软件和社会工程学手段进行攻击。他们可以利用未修补的系统漏洞、恶意邮件附件和钓鱼网站等方式获取目标系统的访问权限。一旦成功入侵，攻击者可以窃取敏感数据、植入恶意代码或发起拒绝服务攻击。

然而，随着防火墙、入侵检测系统和安全补丁等防护措施的完善，外部攻击者的成功率逐渐下降。攻击者为了突破这些防御，开始将重点放在内部威胁上。

内部威胁指的是组织内部的人员利用其合法访问权限对网络系统进行恶意活动而产生的威胁。这些内部人员包含了现任员工、离职员工、合同工或合作伙伴等。由于内部员工能够获取系统和数据访问权限，也更了解组织的业务流程、安全政策和监控机制，因此，内部威胁往往比外部攻击更加难以防范和检测。内部威胁的动机多种多样，包括经济利益、报复心理、意识形态冲突或纯粹的恶意破坏。内部威胁的手段主要包括数据窃取、破坏系统、泄露敏感信息和恶意滥用资源等。数据窃取是最常见的内部威胁之一，内部人员可以轻松访问和复制敏感数据，然后通过外部渠道将其出售或泄露。破坏系统则是通过删除或篡改关键数据、植入恶意代码等方式，导致系统瘫痪或数据丢失。此外，内部人员还可以利用合法权限，未经授权地访问和滥用系统资源，造成资源浪费和系统性能下降。

面对内部威胁，传统的防御手段显得力不从心。防火墙和入侵检测系统主要针对外部攻击，对于内部人员的合法访问难以进行有效监控和防范。为应对内部威胁，企业和组织需要采取多层次的综合防护措施。

2. 网络攻击向数据攻击演进

随着数字化时代的到来，网络攻击的目标和手段不断演变，从最初的网络设备破坏、系统入侵，逐步向数据攻击转移。这一变化主要是由于数据在现代社会中的核心地位愈发显著，数据成为企业和组织的关键资产，对其进行攻击不仅能带来巨大的经济利益，还能造成广泛的影响和破坏。

在数字经济时代，数据被誉为"新石油"。企业的商业决策、运营优化和市场竞争力都依赖于数据。攻击者意识到，窃取或破坏这些数据可以直接获取经济利益或对目标造成巨大损失。云计算、大数据和物联网的发展，使数据的存储和传输变得更加广泛和集中，这为攻击者提供了更多的目标和机会。个人隐私和数据的保护法规日益严格（如GDPR），数据泄露事件会导致巨额罚款和声誉损失，攻击者利用这一点对企业进行勒索，往往能获得丰厚的回报。

数据攻击具有隐蔽性强、破坏性大、多样化和复杂化等特点。数据攻击往往通过精心设计的社会工程学、钓鱼邮件或利用零日漏洞，绕过传统安全措施，渗透到内部系统，以获取数据权限。同时，数据攻击不仅涉及数据窃取，还可能涉及数据篡改和删除，这会导致数据的完整性和可用性受到严重破坏，影响企业的正常运营。数据攻击手段多样，包括勒索软件、APT（高级持续性威胁）、内部威胁等。攻击者利用复杂的攻击链条和多阶段攻击策略，增加了防御的难度。

传统防御手段在面对现代数据攻击时显现出明显的劣势，主要体现在其依赖外部防护、规则和特征码、反应滞后以及缺乏深度监控。传统防护主要依赖防火墙和入侵检测系统等外围防护措施，但数据攻击通常通过内部渗透进行，绕过这些防护。依赖预定义规则和特征码的方式无法有效应对未知威胁和高级持续性攻击。手工分析和处理的反应速度较慢，难以及时遏制攻击，且缺乏对内部网络和用户行为的深度监控，使得内部威胁和异常活动难以被及时发现和阻止。

3. 网络攻击向供应链攻击演进

2017年微软首次提出"针对软件供应链的网络攻击"的概念，供应链攻击（Supply Chain Attack）作为一种新型威胁，涵盖了攻击者干扰或劫持软件制造过程（软件开发生命周期），从而对产品或服务的诸多消费者造成不利影响的任何情况。当软件构建所使用的代码库或单个组件受到感染、软件更新二进制文件被木马化、代码签名证书被盗，甚至托管软件即服务（SaaS）的服务器遭到破坏时，都可能会发生供应链攻击。近年来，供应链攻击层出不穷，鉴于供应链自身的特性，恶意软件可以安装在供应链的任何阶段，且供应链攻击允许指定目标，若被攻击的供应商有很多客户，则受影响的目标数量会迅速增加。此外，由于供应链依赖于已被信任并且可以广泛分发的软件，因而供应链攻击很难被检测。

2021年11月，Log4j2访问远程对象功能被曝出远程命令执行漏洞Log4Shell，攻击者可以构造恶意请求，触发此漏洞并执行远程代码。该漏洞影响极其广泛，其触发条件简单，不需要特殊配置即可生效，因此造成了巨大的风险。Log4Shell漏洞的验证方法公开后，网络攻击迅速蔓延，影响范围涵盖了多个行业和地区，甚至连用于探索火星的"机智"号无人直升机也受到了影响。这次事件凸显了供应链攻击的难以预料性和影响力，尤其是在全球范围内引发了广泛的关注和恐慌。

供应链攻击通常涉及恶意代码片段的注入，例如植入于软件更新中的恶意程序，或者通过第三方供应商提供的物理组件进行的攻击。

（1）根据攻击发生的位置和方式，供应链攻击可以分为以下三种类型：

1）硬件供应链攻击：硬件攻击方式是最简单、成本最低的供应链攻击，攻击者跟踪硬件，如主板、USB驱动程序或以太网电缆，以捕获传输的数据。然而，这些行为往往容易被察觉，因此攻击者不太倾向于采用硬件供应链攻击。

2）软件供应链攻击：随着公司、政府机构或非营利组织数字化步伐的加速，IT系统不断升级，增加了网络攻击面。这给予了网络攻击者通过易受攻击的软件工具或服务进入网络的机会。在安全措施不足或存在漏洞的情况下，这些易受攻击的软件成为攻击者可利用的漏洞，增加了数据泄露的风险。

3）固件供应链攻击：固件渗透是供应链攻击中攻击者常用的一种形式，它能像基于软件的攻击一样迅速传播并造成大规模影响。与基于硬件的攻击相比，基于软件和固件的攻击需要更多的专业知识和技能。

（2）当前，供应链攻击与其他类型的攻击相比存在几个显著区别：

1）广泛暴露的攻击面：软件供应链攻击涵盖了软件生命周期的各个环节，从设计和代码编写到软件交付和用户下载，每个环节都可能面临安全风险。这种环环相扣的特性增加了被攻击的可能性。

2）大量开源组件的利用：开源代码在软件开发中广泛应用，但这也增加了安全风险。一个漏洞可能在多个软件中存在，而漏洞出现在供应链的任何环节都可能影响所有使用该软件库的下游软件。

3）攻守不平衡：攻击者只需找到软件供应链的一个弱点就能入侵并造成危害，而防御方则需要全面保障软件供应链的安全性，这对于防御来说是一个更大的挑战。

4）漫长的补丁更新周期：软件漏洞公布到设计、测试并发布安全补丁需要花费相当长的时间，而攻击者可能更快地利用漏洞进行攻击。

相比于针对计算机系统漏洞的安全研究，针对软件供应链安全的研究目前整体还处于提出问题或分析问题的起步阶段，并没有到解决问题的关键阶段，在一定程度上还缺少直接的、有针对性和有价值的研究成果。

4. 网络攻击向 CPS 攻击演进

随着先进信息通信技术的广泛应用，电力系统的运行控制高度依赖智能化测控设备、通信网络和软件系统。当前，我国电力基础设施已经发展成为高度信息化、自动化和数字化的信息物理系统（Cyber Physical System,CPS）。信息侧作为电力CPS通信、计算、控制的支撑性组成部分，在提升系统运行效率的同时，其故障也会导致电网可靠性和安全性降低。近年来国内外发生的多起由网络攻击、系统错误操作或配置、应用层攻击等引起的电网安全事件，表明了源于终端设备、自动化系统等业务自身的网络安全威胁，相比传统通用的信息通信网络安全威胁，更加容易传导至电力物理系统，造成更为严重的后果。近年来开展的内部攻防测试中也发现，应用层交互漏洞攻击、内外部业务单比特恶意利用、卫星时间同步攻击、恶意数据篡改攻击、动态负载攻击等跨空间攻击具有业务针对性强、隐蔽性高、危害性大等特点，而现有网络安全监测体系及安防装置对此存在监测难和防御难的问题。

乌克兰电网停电、委内瑞拉电网大停电等安全事件表明，CPS攻击都有信息物理耦合与攻击隐蔽两个特点，具体如下：

（1）信息物理耦合：CPS具有紧密的耦合性，计算、通信及控制模块既互相依赖又互相牵制。因此与其他攻击行为相比，CPS攻击的构建会受到物理系统和业务流程的约束，同时攻击又要依赖于这些条件实现其巨大破坏力。

（2）攻击行为隐蔽：攻击者经常长期潜伏，获取其所需的物理系统信息，特别是系统控制权限，以便在攻击时不会被安全监控系统所察觉。

CPS攻击过程包括利用CPS设计和业务流程实施攻击，篡改控制指令造成系统异常运行，阻断系统量测数据以阻止控制系统的安全响应。因为物理系统的状态变化有一定限制（如电力系统中发电机功率的提升有爬升约束限制），且物理系统都有安全应急机制和保护措施，因此攻击者往往结合物理系统的业务逻辑和保护机制，设计攻击策略，一方面通过持续的攻击使得系统达到特定状态，另一方面隐藏自身的攻击行为，躲避系统的异常检测和保护机制。

另外，此类攻击一般是针对CPS的保密性、完整性、可用性等特点。CPS对获取信息的权限进行严格规定，某些攻击的目的就是为了获取更大的信息权限，这样就会导致CPS的保密性被破坏，造成巨大损失；CPS系统应该严格保证信息的完整性以及数据的实时性，不得允许外界对CPS中的信息随意改动，若数据的完整性遭到破坏，会导致决策失误；CPS的可用性最重要，一旦可用性被破坏，数据传输就会被中断，并且影响到系统的正常运转。

5. 单步攻击向 APT 攻击演进

单步攻击通常是一次性、短期的行为，依赖于简单的漏洞利用和社会工程学手段，而APT攻击则是高度复杂和多阶段的攻击过程。APT攻击是一种以商业或者政治目的为前提的特定攻击，其通过一系列具有针对性的攻击行为以获取某个组织甚至国家的重要信息，特别是针对能源、交通、水利、金融、通信等国家关键基础设施开展攻击。APT攻击常常采用多种攻击技术，并通过长时间持续性的网络渗透，逐步获取内部网络权限，此后便长期潜伏在内部网络，不断地收集各种信息，直至窃取到重要情报。

APT一般受国家或大型组织操控，受国家利益或经济利益驱使，由具有丰富经验的黑客团伙实施，具有技术性强、持续时间长、危害性较大等特点，是近年来出现的新型综合性网络攻击手段。其特点具体体现在如下几方面。

（1）高级性：攻击者在实施APT攻击过程中，有可能结合当前IT行业所有可用的攻击入侵手段和技术。鉴于单一的攻击手段（如病毒传播、SQL注入等）通常难以奏效（被传统IDS或防火墙阻挡），攻击者会使用自己设计、具有极强针对性和破坏性的恶意程序，在恰当的时机与其他攻击手段（如尚未公开的零日漏洞）协同使用，对目标系统实施毁灭性的打击。另外，这些攻击者能够动态调整攻击方式，从整体上掌控攻击进程，且具备快速编写所需渗透代码的能力，因而与传统的攻击手段和入侵方式相比，APT攻击更具技术含量，过程也更为复杂。

（2）持续性：APT攻击目的是从目标网络中窃取机密信息，因而从一开始就具有明确的目标导向，通过长期不断的监控、入侵及必要的隐蔽手段逐步实施攻击步骤，周期可能较长，但效果相对来说更佳。在没有完全获得所需要的信息之前，攻击者会长时间对目标网络发动攻击，持续时间可能长达数月或者数年，其背后往往体现着组织或国家的意志。由于APT攻击具有持续性的特征，这让企业的管理人员无从察觉。在此期间，这种"持续性"体现在攻击者不断尝试的各种攻击手段，以及渗透到网络内部后的长期蛰伏。

（3）威胁性：APT攻击是人为的、有针对性的，其最终目标是破坏、窃取重要信息资产，甚至有可能危及国家安全和社会稳定。由于APT攻击通常都由经验丰富的黑客或团伙发起，受雇于第三方，具有充足的经费支持，因此攻击的成功率较高，对于受害者而言危险系数更大，威胁程度更高。

（4）隐秘性：APT攻击一般会以各种方式巧妙绕过已有的入侵检测系统，悄然进入目标网路。而且，为了在目标内部长时间获取信息，通常会尽可能减少明显的攻击行为以及留下的痕迹，隐秘窃取所需信息。

（5）潜伏性：APT攻击可能在用户环境中存在一年以上或更久，他们不断收集各种信息，直到收集到重要情报。而发动APT攻击的攻击者往往不是为了在短时间内获利，而是把"被控主机"当成跳板，持续搜索信息，直到能彻底掌握所针对的目标人、事、物，所以这种APT攻击模式，实质上是一种"恶意商业间谍威胁"。

（6）多态性：攻击者的攻击方式不是一成不变的，既包括病毒、木马植入等传统入侵手段，也包括SQL注入、零日漏洞、软件后门、操作系统缺陷等，甚至结合社会工程学、心理学等各种线下手段实施攻击。综合采用多类技术能够使受害者难于防范，提高攻击的成功率，也可以通过并行实施起到掩盖其真实攻击意图的作用。

由于APT攻击的目标多为高价值数据和关键基础设施，其隐蔽性和破坏性极大，传统的防御手段难以检测和应对。随着APT攻击的普遍化，网络安全防护必须不断升级，采用先进的威胁情报、行为分析和人工智能技术，以应对日益复杂的网络威胁。

6. 手动攻击向自动攻击演进

在网络安全早期，攻击主要依赖手动操作。这一阶段的攻击者通常是个体黑客或小规模黑客组织，依靠个人技术技能和经验发起攻击。早期攻击者主要通过手动发现和漏洞利用。典型的方法包括端口扫描、手工编写漏洞利用代码（exploit）、社会工程学攻击（如钓鱼邮件）、密码猜测等。这些攻击方式依赖于攻击者对目标系统的深刻理解和技术技能的掌握。早期的攻击目标相对简单，主要集中在个人计算机、独立服务器和小型网络系统。攻击动机多为炫耀技术、获取非法利益或出于政治动机。由于手动攻击的方式，攻击效率相对较低，攻击范围有限。攻击者需要花费大量时间进行前期侦察、漏洞发现和攻击实施。1999年的"Melissa"病毒是一个早期的手动攻击实例。它通过电子邮件传播，依靠用户打开感染的文档来传播恶意代码。虽然其传播方式较为简单，但其手动编写和传播的特点反映了当时攻击的手动化特征。

随着信息技术的发展，攻击者逐渐认识到自动化技术和工具的潜力，网络攻击开始向自动攻击演进。

（1）自动化工具的出现：攻击者开发并使用自动化工具和脚本，以提高攻击效率。这些工具可以自动化执行扫描、漏洞利用、暴力破解等任务。著名的自动化工具如Nmap（网络扫描）、Metasploit（漏洞利用框架）等，极大地简化了攻击过程。

（2）蠕虫和病毒的自动传播：蠕虫和病毒是早期自动攻击的重要形式。蠕虫能够自主传播，不依赖用户操作。2001年的"Code Red"蠕虫就是一个经典例子，它利用微软IIS服务器的漏洞进行自动传播，短时间内感染了大量服务器。

（3）自动化僵尸网络（Botnet）：随着互联网的普及，攻击者开始构建自动化僵尸网络。僵尸网络由大量被感染的计算机（"僵尸"）组成，攻击者通过控制这些计算机，发起大规模的DDoS（分布式拒绝服务）攻击、垃圾邮件发送、数据盗窃等。2007年的"Storm"僵尸网络就是一个典型案例，攻击者通过自动化手段感染大量计算机，形成一个庞大的僵尸网络。

然而，面对日益复杂和智能化的自动攻击，传统的防御措施显得力不从心。

（4）反应速度慢：很多安全事件需要人工进行详细分析和判断，导致响应速度受限于人力资源。在面对大规模或快速传播的攻击时，无法迅速应对，常导致攻击扩散和损失加剧。并且传统方法通常是事后反应，而现代攻击手段往往在极短时间内即可造成重大破坏，传统方法的滞后性使其无法及时遏制攻击。

（5）缺乏深度监控和行为分析：传统防御措施主要集中在外围防护，对内部网络和用户行为的深度监控不足。内部人员的恶意行为或误操作往往不易被发现，传统防御手段难以对内部活动进行有效的监控和分析，导致内部威胁长期潜伏。现代攻击者利用社会工程学和高级持续性威胁（APT），通过正常的用户行为掩护恶意活动。传统防御缺乏对行为模式的分析，难以识别这些隐蔽的威胁。

（6）缺乏动态适应能力：传统防御措施通常是静态的，缺乏动态适应能力。攻击者不断更新和变化攻击手段，传统防御系统的静态规则难以及时适应这些变化，防御效果逐渐降低。面对不同类型的威胁和攻击，传统系统难以灵活调整防御策略，常需要人工介入和重新配置，导致响应不够及时和有效。

（7）资源消耗高：自动化攻击工具能够在短时间内生成大量攻击流量，传统防御系统在应对这些高频攻击时，往往资源消耗巨大。面对大规模DDoS攻击或其他高频攻击，传统防御措施常常因处理能力不足而出现性能瓶颈，导致系统瘫痪或服务中断。持续不断的攻击流量对防御系统的稳定运行构成巨大压力，传统系统在长时间高负荷运行下容易出现故障，防御效能降低。

从手动攻击到自动攻击的演进，是网络安全攻击者不断追求更高效、更隐蔽、更大规模攻击效果的结果。这一过程中，攻击技术和手段不断进化，对传统防御措施提出了巨大的挑战。未来，随着人工智能和机器学习技术的不断发展，网络安全防护也将进入一个新的智能化时代，只有不断创新和升级防御措施，才能有效应对日益复杂的网络威胁。

三、传统网络安全技术应对机制的局限

1. 威胁检测技术面临挑战

随着信息技术的迅猛发展，网络安全威胁也变得愈加复杂和难以预测。传统的安全检测技术，如基于特征匹配、签名检测和黑名单的方法，曾在很长一段时间内为保护信息系统和网络基础设施发挥了重要作用。然而，面对日益增多的未知攻击和智能化攻击，这些传统技术逐渐显得力不从心，难以提供全面有效的防护。

首先，基于特征匹配的检测方法依赖于已知威胁的特征和模式。这些特征通常由安全专家通过分析历史攻击数据提取出来，并存储在特征库中。每当有新的数据流过时，系统会将其与特征库中的记录进行匹配，以识别潜在的威胁。然而，这种方法有一个明显的局限性：它只能检测到已知的攻击，对于未知的威胁则无能为力。随着攻击者技术的不断进步，他们可以轻松地修改攻击特征，从而绕过基于特征匹配的检测机制。其次，签名检测技术类似于特征匹配，但它更加依赖于具体的攻击签名，即攻击行为的特定模式。签名检测的优势在于其高精确度，能够迅速识别和阻止已知的攻击。然而，其最大的缺陷同样在于对未知攻击的无力应对。每一种新的攻击手段都需要分析和生成新的签名，这不仅耗时耗力，而且在新签名发布之前，系统始终处于易受攻击的状态。

黑名单技术则通过将已知的恶意IP地址、域名或文件哈希值列入黑名单，从而阻止这些已知威胁的访问。尽管黑名单在防范已知威胁方面有效，但它同样无法应对快速变化的攻击环境。攻击者可以轻易更换IP地址或域名，从而绕过黑名单的限制。此外，黑名单的维护和更新也需要大量的人力资源，并且由于其固有的滞后性，始终存在检测盲区。

面对这些挑战，未知攻击和智能化攻击成为网络安全领域的重大威胁。未知攻击，即零日攻击，指的是利用未被发现或尚未修补的漏洞进行的攻击。这类攻击由于其隐蔽性和突发性，往往能够在短时间内造成严重损害。而智能化攻击则利用人工智能和机器学习技术，通过分析防御系统的行为模式，不断调整攻击策略，使得

传统检测方法难以跟上其变化步伐。

2. 安全防御技术面临挑战

网络安全威胁日益严重，背后是网络环境和攻击手段的深刻变化。在数字化转型过程中，物联网、大数据、人工智能和云计算等新技术的应用，导致网络攻击面不断扩大，给传统的以网络边界为主的防御体系带来严峻挑战。传统的网络安全防御技术主要依赖于防火墙、入侵检测系统（IDS）、入侵防御系统（IPS）等边界防护措施。这些技术的核心理念是将网络内外部隔离，通过设置安全边界来防止外部攻击者的入侵。然而，随着云计算、移动设备和物联网的广泛应用，网络边界变得模糊，传统的边界防护理念失去了昔日的效果。如今，用户、设备和数据往往跨越多个网络环境，传统的边界防护手段难以覆盖所有潜在的攻击面。此外，远程办公和移动办公的普及使得网络边界进一步扩展，员工可以在任何地点访问企业的内部资源，这使得传统防火墙的有效性大打折扣。

此外，网络攻击已经发展成有组织的犯罪行为，呈现手段专业化、目的商业化、源头国际化及载体移动化的趋势。传统的被动安全防御体系已经根本无法抵御日益频繁的网络攻击，因此其在应对现代威胁时面临多方面的挑战，主要集中在以下几个方面。

（1）边界模糊化：传统的防御策略主要依赖于明确的网络边界，例如防火墙和入侵检测系统。这些技术基于内部网络与外部网络之间的界限。但随着云计算、移动办公、物联网（IoT）等技术的广泛应用，网络边界变得越来越模糊，传统边界防护技术难以有效处理内部和外部威胁之间的界限。

（2）高级持续性威胁（APT）：传统防御系统，如防病毒软件和入侵检测系统，主要依赖于已知威胁的签名库来检测恶意活动。然而，APT攻击往往使用定制化或全新开发的恶意软件，这些软件的签名并未被收录在签名库中，因此无法被传统方法检测到。此外，APT攻击者可能通过频繁修改恶意软件来躲避签名检测。

（3）缺乏上下文感知能力：传统的安全工具往往只关注单一事件或指标，如异常流量或文件特征，而不具备全面的上下文感知能力。例如，一个单独的登录失败可能不会触发警报，但如果它与其他可疑活动（如来自异常地点的成功登录、数据访问量突然增加等）结合在一起，就可能是APT攻击的征兆。传统工具缺乏整合和分析多个信息源的能力，使得它们在发现复杂APT攻击时存在局限性。

（4）攻击技术的多样性和复杂性：现代攻击手段日益复杂多样，如网络钓鱼、社会工程、供应链攻击等，这些攻击手段往往结合多种技术，具有高度的定制性。传统防御技术一般针对特定类型的威胁，难以全面覆盖和有效应对多样化的攻击。

（5）云计算与虚拟化环境的挑战：在云计算和虚拟化环境中，传统的安全防护技术难以直接适用于这些动态、多租户和虚拟的环境。传统的网络安全模型在这种分布式和快速变化的环境中失去了原有的效果。

3. 网络安全运营面临挑战

在网络安全运营中，传统方法如防火墙、入侵检测系统（IDS）、反病毒软件等依然是基础工具。然而，随着网络攻击手段日益复杂和多样化，网络安全运营面临着越来越多的挑战。其中，如何高效、准确地处理告警事件，是保障网络安全的核心任务之一。然而，目前很多组织在告警事件的分析研判过程中，仍然依赖人工操作，导致交互方式不灵活、工作效率不高等问题，亟需改进和提升。在网络安全运营中，告警事件来源多样，包括防火墙、入侵检测系统、反病毒软件等。每天产生的大量告警事件，需要安全团队进行详细分析和研判。然而，这种运营方式存在以下主要局限。

（1）告警事件依赖人工：传统的人工分析通常依靠基础的工具和手工记录，缺乏现代化的交互手段，难以快速响应和处理告警事件。面对大量告警信息，人工方式往往显得力不从心，难以及时发现和应对真正的威胁。在大量重复性、低级别告警事件面前，人工分析不仅耗时费力，还容易产生疲劳和厌倦心理，导致效率低下。此外，复杂的攻击手段和多样的攻击路径使得人工分析需要更高的专业知识和技能，进一步拖慢了处理速度。人工分析高度依赖安全人员的个人经验和技能，不同人员的分析结果可能存在较大差异，缺乏统一标准。这种依赖性也使得新入职的安全人员难以迅速上手，整体团队的分析能力参差不齐。

（2）处理能力有限：面对现代网络环境中的海量数据和复杂威胁，传统方法的处理能力显得不足。每天生成的安全日志和警报数量巨大，传统方法依靠手工分析和筛选，效率低下且容易遗漏关键威胁信息。安全团队在面对大量无关或低优先级警报时，往往疲于应对。现代攻击手段日益复杂，包括多阶段、多层次的高级持续性威胁（APT）。传统方法难以全面捕捉和关联分析这些复杂攻击行为，导致防御失效。

（3）威胁检测误报率高：规则和特征匹配的安全监测方法通常是基于专家经验构建相应的威胁模式和行为特征进行匹配，新型电力系统构建与公司数字化转型过程中，复杂多样的跨系统业务及数据交互场景不断涌现，攻击手段随之不断变化，现有的威胁模式和行为特征无法覆盖所有的攻击手法，因此容易导致漏报或误报，需要安全运营团队对大量误判的攻击事件进行分析，这给网络安全运营团队带来很大的工作负担。

（4）分析溯源效率低下：一是电力系统的跨系统数据交互频繁，业务逻辑复杂，现有的安全监测方法难以对碎片化的安全威胁事件进行实时高效的关联分析、还原攻击全貌以实现追踪溯源，二是缺乏对电力系统网络安全领域知识的理解与应用机制，难以充分利用电力系统的已有信息（如系统环境与运行数据、威胁情报数据等），对网络安全威胁事件进行发展演化趋势预测和安全威胁影响评估。

（5）灵活性和扩展性不足：传统安全运营方法的灵活性和扩展性有限，难以快速适应新的威胁和变化。传统安全工具和规则的更新周期长，难以快速适应新型攻击。新威胁出现时，企业需要等待厂商提供更新和补丁，这期间系统可能处于风险中。随着企业规模和网络复杂度的增加，传统方法在处理能力和效率上难以满足需求。扩展系统和增加新功能常常需要大量时间和资源，无法灵活应对业务需求。

随着网络攻击技术不断迭代升级，传统安全手段已难以满足高效、精准防护的需求。面对这些挑战，研究者们考虑将日益发展成熟的 AI 技术与网络安全相结合。AI 技术凭借其强大的数据处理能力、自动学习和自适应能力，能够深入分析海量安全数据，快速识别并预测潜在的安全风险，实现智能化的安全监测、精准化的威胁防御以及自动化的应急响应。这不仅极大地提高了安全工作的效率和准确性，还有效降低了人为错误和响应延迟，为企业的网络安全提供了更为全面、高效和智能的保障。通过引入 AI 技术，企业和组织可以显著提升威胁检测与响应能力，增强内部威胁防护，确保在面对复杂多变的网络威胁时，始终保持安全稳健的运营环境。AI 赋能网络安全，不仅是应对当前威胁的必要手段，也是未来网络安全发展的重要方向。

第二节
AI 赋能网络安全

一、AI 发展与网络安全技术演进

（一）AI 总体发展历程

1. 缘起

人工智能（AI）诞生于 20 世纪 40 ~ 50 年代。1950 年，著名的图灵测试诞生，"人工智能之父"艾伦·图灵定义：如果一台机器能够与人类展开对话而不能被辨别出其机器身份，那么称这台机器具有智能。同一年，图灵还讨论了制造智能机器的可能性，拉开了现代人工智能研究的序幕。

2. 第一次浪潮

图灵测试吸引了许多学者参与到"机器智能"的研究之中。1956 年，约翰·麦卡锡（John Mc Carthy）等人在达特茅斯会议（Dartmouth Conference）上首次正式提出了"Artificial Intelligence"这一术语，标志着人工智能作为一个独立研究领域的诞生。此后人工智能进入了快速发展阶段，形成了符号主义、联结主义和行为主义三大学派，如图 1-6 所示。

（1）符号主义。符号主义，又称逻辑主义，认为人工智能源于数理逻辑，旨在用数学和物理学中的逻辑符号来表达思维的形成，通过大量的"如果—就"规则定义，产生像人一样的推理和决策。符号主义强调思维过程的逻辑性，侧重于推理和解决问题的思路，在计算机代数、自然语言处理、语音识别等领域中得到广泛应用。

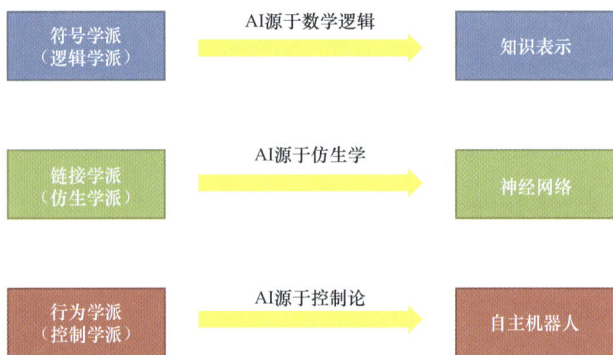

▲ 图 1-6 人工智能流派分类

（2）联结主义。联结主义也称为仿生学派或生理学派，是一种通过模拟生物神经系统来实现学习和适应的理论，其核心在于神经网络及其连接机制与学习算法。该理论仿照人脑神经元的连接方式，构建人工神经网络，专注于模拟人脑处理信息的过程，从而在复杂的模式识别和分类问题上展示出显著能力。尽管联结主义在处理信息方面具有优越性，但其网络训练需耗费大量时间和计算资源，并且缺乏可解释性。

（3）行为主义。行为主义又称进化主义或控制论学派，其主要原理为控制论及感知—动作型控制系统。行为主义注重应用和身体模拟，强调对行为和反馈的研究，通过训练和奖惩机制实现人工智能的学习。其广泛应用于自动控制、机器人、自动驾驶等领域，可以处理实时的环境信息，具有良好的实时性和鲁棒性。但也需要大量的数据和运算，且其应用范围相对较窄。

在符号主义的带动下，人工智能研究在当时进入了一个高速发展的阶段，也被称为 AI 的黄金时代（Golden Time，1960～1973 年）。在 1970 年，马文·明斯基（Marvin Minsky，历史上首个在 AI 领域的图灵奖获得者）甚至在访谈中提道："在未来 3～8 年内会诞生和人类智慧相当的机器人，可能人类会成为 AI 的宠物"。

3. 第一次低谷

随着时间的推移，学者们逐渐发现，基于推理规则的"智能"，实际上能力非常有限。加上当时计算机的算力和存力尚处于早期阶段，系统根本达不到预期的效果。同时，美国国防高级研究计划局因为国情经济原因撤资，直接导致了"AI 寒冬"（1974～1979 年）。当时的 AI 被指出没有商业价值产出，缺乏发展的内在动力，人们对 AI 的盲目期望推进了 AI 寒冬的到来。

4. 第二次浪潮

AI之冬并没有持续太久，六年后，专家系统的成功商业应用展示了人工智能的实际价值，重新点燃了人们对这一领域的兴趣。1980年，卡耐基梅隆大学研发的一个AI专家系统产品XCON（eX pert CON figurer）实现了正式商用，为当时的计算机巨头公司DEC每年省下数千万美金，以此拉开了AI第二次浪潮（1980~1987年）的序幕。

专家系统是符号主义的新阶段，这些系统是高级的"知识库+推理库"，通过收集整理大量专家的知识和经验，并将其转化为海量规则导入系统。借助这些规则，专家系统能进行逻辑推理，模拟并扩展人类专家的决策能力，以解决复杂问题，如图1-7所示。专家系统的出现，推动了AI技术在医疗、金融、工程等行业的应用，这不仅展示了AI技术的实用价值，也为AI的商业化提供了强有力的推动。这种商业应用的增加反过来又促进了AI技术的进一步发展。

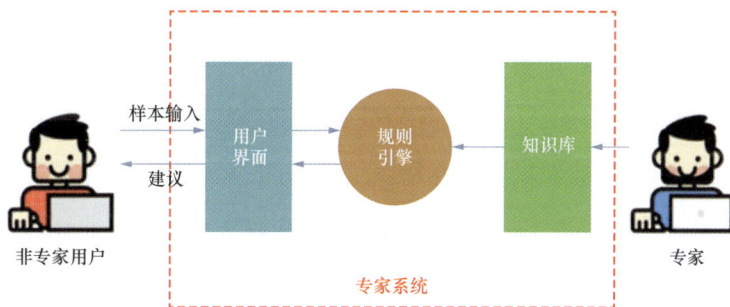

▲ 图1-7 专家系统交互示意图

与此同时，机器学习和神经网络（联结主义）也在此期间有了奠基性的进展。1982年，物理学家John Hopfield证明一种具有记忆和优化功能的新型神经网络（现被称为"Hopfield网络"）能够用一种全新的方式学习和处理信息。1986年，戴维·鲁梅尔哈特（David Rumel hart）提出了一种适用于多层感知器（MLP）的算法，叫作反向传播算法（Back propagation，BP算法）。该算法通过在输入层和输出层之间设定一个中间层（隐藏层），以反向传播的方式实现机器的自我学习。这些发现使1970年以来一直遭人遗弃的联结主义重获新生。

5. 第二次低谷

然而，尽管专家系统在特定领域取得了成功，但它们普遍未能满足这些过高的期望。许多系统难以扩展到复杂或未知的任务中，且维护成本高昂。专家系统以及其他符号主义方法面临着明显的技术局限性。它们依赖于明确编码的规则和知识，使得收集和更新这些知识库变得既费时又昂贵。此外，这些系统往往缺乏灵活性，难以处理现实世界的模糊性和不确定性。当时的计算资源相对于需求也显得不足，限制了尖端研究的进展。因此，AI研究社区开始重新评估符号主义方法的有效性，并探索如基于神经网络的新方法。

随着AI项目未能实现预期的商业成果，资金支持开始减少。特别是在美国，政府和私人部门的资金支持显著下降，这限制了研究和开发的进展，AI迎来了其第二次低谷（1987～1993年）。

6. 第三次浪潮

在前述反向传播算法发展的基础上，机器学习和神经网络（联结主义）加速崛起，逐渐取代专家系统（符号主义），成为人工智能的主要研究方向。

1988年，贝尔实验室的Yann Le Cun等人，提出了卷积神经网络（CNN，Convolutional Neural Network），但直到1998年YannLeCun及其同事通过LeNet-5模型在手写数字识别任务上的成功应用，CNN才开始受到广泛关注。1995年，克里娜·柯尔特斯（Corinna Cortes）和弗拉基米尔·万普尼克（Vladimir Vapnik）提出了联结主义经典的支持向量机（SVM，Support Vector Machine），它在解决小样本、非线性及高维模式识别问题中表现出许多特有的优势，并能够推广应用到函数拟合等其他机器学习问题中。1997年，瑟普·霍克赖特（Sepp Hochreiter）及其导师于尔根·施密德胡伯（Jürgen Schmidhuber）开发了长短期记忆（LSTM，Long Short-Term Memory）网络，这种特殊类型的RNN解决了传统RNN在处理长序列时的梯度消失问题。1997年5月11日，IBM公司的电脑"深蓝"战胜国际象棋世界冠军卡斯帕罗夫，成为首个在标准比赛时限内击败国际象棋世界冠军的电脑系统。这是AI发展史上，人工智能首次战胜人类。

进入21世纪，得益于计算机算力的显著提升，以及云计算和大数据的兴起，AI的三要素（算法、算力和数据）在第三次浪潮期间均得到了极大的发展，推动着AI极速前进，人工智能开始进入一个更加波澜壮阔的发展阶段。

2006年，多伦多大学的杰弗里·辛顿（Geoffrey Hinton）发表了一篇具有开创性的论文《A Fast Learning Algorithmfor Deep Belief Nets》。深度信念网络（DBNs，Deep Belief Networks）的工作标志着现代深度学习研究的一个重要转折点，因为它展示了深层神经网络可以通过分层预训练有效地训练，解决了之前深度神经网络难以训练的问题。此外，这篇论文的发表也被视为是深度学习研究复兴的开始，为后续深度学习的发展奠定了基础。2012年，杰弗里·辛顿和他的学生伊利亚·苏茨克沃（Ilya Sutskever）和亚历克斯·克里切夫斯基（Alex Krizhevsky）带着共同设计的深度神经网络模型AlexNet参加了2012年9月30日举行的ImageNet大规模视觉识别挑战赛，达到最低的15.3%的Top-5错误率，比第二名低10.8个百分点，一战成名。这个模型不仅推动了深度学习在视觉识别领域的广泛应用，而且其使用了GPU加速计算，展示了在深度学习中使用GPU的巨大潜力。

在2014年，蒙特利尔大学的博士生伊恩·古德费洛（Ian Goodfellow）提出了一种革命性的新型神经网络架构——生成对抗网络（GANs, Generative Adversarial Networks）。他从博弈论中的"二人零和博弈"获得灵感，创建了这一模型，通过两个神经网络——生成器（Generator）和判别器（Discriminator）之间的对抗过程来生成数据。独特的训练机制使得GAN在多个领域显示出巨大的潜力，包括但不限于图像生成、图像编辑、风格转换、语音合成和视频生成等。2016年3月，AlphaGo以4：1战胜世界围棋冠军李世石，向世界展示了人工智能技术的巨大进步和潜力。

2017年12月，Google的机器翻译团队在NIPS上发布了一篇具有里程碑意义的论文《Attention is all you need》。这篇论文提出了一种全新的网络架构Transformer，仅使用"自我注意力"（Self-Attention）机制来处理自然语言模型的训练，这一机制允许模型在处理输入信息时，专注于输入序列中不同部分的关系，而非传统的序列到序列的模型关注点。Transformer的成功为自动生成内容（AIGC）的发展奠定了基础，特别是在自然语言处理领域。

在2018年，OpenAI推出了基于Transformer的GPT-1模型，开启了生成式预训练变换器（GPT, Generative Pre-trained Transformer）系列，这些模型通过在大规模数据集上的预训练，能够生成连贯、逻辑性强的文本。紧随其后，Google发布了具有3亿参数的BERT模型，采用双向编码显著提升模型的文本理解能力。尽管BERT最初超越了GPT-1，但OpenAI通过后续推出的GPT-2和GPT-3逐步确立了在AI语言模型领域的领导地位。后来，Open AI发布了ChatGPT（基于GPT-3.5），结合人类对话数据进行训练，显示了优秀的多轮对话能力和复杂问题解决能力，引起全球关注。GPT-4及其变体的推出，也预示着AI的第三次浪潮至今仍在火热发展中。

（二）AI驱动网络安全发展

1. 原始方案

20世纪80～90年代，随着互联网的初步商业化，网络安全需求开始增长，对抗的威胁虽然相对简单，但已经开始呈现多样化的趋势。

网络安全技术原始的发展主要基于专家系统。这些系统利用一套预定义的规则来识别和阻止已知的威胁。专家系统的核心在于其依赖于领域专家制定的规则库，以识别和对抗特定的安全威胁。例如，防火墙技术在这个时期得到了广泛的应用，它通过设置网络访问规则来阻止未授权的访问，为网络资源提供了一定程度的保护。

此外，简单的病毒检测工具也开始出现，它们主要依靠病毒定义文件来识别和清除病毒。早期的病毒扫描软件，如McAfee和Norton Antivirus，采用基于规则的方法来识别病毒。这些工具能够识别和清除那些已经被定义和记录在病毒数据库中的恶意软件。尽管这种方法在对抗当时已知的威胁方面相对有效，但它们在识别新出现的威胁上则显得力不从心。

这个时期的网络安全措施主要集中在基础的防御上。除了防火墙和病毒扫描软件外，密码学技术也开始被用于保护数据传输的安全，如使用加密技术来保护电子邮件和文件的安全。这些基础的防御措施为网络安全提供了初步的屏障，可以帮助用户和企业抵御基本的网络威胁。

2. 初期探索

随着互联网的普及和网络技术的快速发展，网络安全问题在1990年代变得日益突出。网络不再是少数科研机构和大型企业的专属，开始进入普通家庭和小型企业，这使得网络安全面临的威胁种类和数量急剧增加。攻击者利用新的技术和漏洞，开发出能够绕过传统防御机制的攻击方法，比如病毒、蠕虫、特洛伊马，以及更为复杂的网络入侵手段。这些挑战迫使网络安全社区重新思考防御策略。

在这个背景下，1990年代，入侵检测系统（IDS）的概念被提出，并迅速成为网络安全领域的一个重要里程碑。IDS被设计来监控网络和系统的活动，自动识别可能表明安全威胁的迹象。这种转变标志着网络安全的范式从被动的防御措施转向了更为主动和动态的监控和响应。

早期的IDS技术主要基于两种检测机制：基于签名的检测和基于异常的检测。基于签名的检测方法依赖于一个已知攻击签名的数据库，通过与网络流量或系统日志中的活动匹配这些签名来识别攻击。这种方法在识别已知攻击方面相对有效，但它的主要局限性在于无法识别新出现的、未知的攻击，即所谓的零日攻击。基于异常的检测方法则试图通过分析系统或网络的正常行为模式来识别潜在的威胁。任何偏离这些已建立的正常行为模式的活动都可能被标记为可疑。这种方法的优势在于它有能力识别未知攻击，但同时也面临着高误报率的挑战。误报问题不仅会消耗资源，还可能导致安全团队对真正威胁的忽视。

尽管早期的IDS技术面临着一系列挑战，包括高误报率、资源消耗大以及无法有效识别零日攻击等问题，但它们在网络安全领域的发展中起到了不可或缺的作用。IDS技术的引入开启了网络安全向更加智能化、自动化方向发展的新时代。随着时间的推移，这些系统通过整合更先进的技术，如机器学习，逐渐克服了早期的一些局限性，提高了对复杂威胁的检测能力，并在网络安全领域扮演着越来越重要的角色。

3. 加速发展

进入21世纪，随着机器学习技术的发展，AI在网络安全中的角色开始发生质的变化。这一时期，机器学习技术的进步为网络安全领域带来了前所未有的潜力。通过使计算机系统能够从历史数据中学习，机器学习技术为识别和对抗未知威胁提供了新的途径。与传统的基于签名的方法相比，这种基于行为的检测方法能够揭示更加复杂、动态的攻击模式，从而提高了对未知或零日漏洞攻击的检测能力。

在这一时期，决策树、支持向量机（SVM）、随机森林和神经网络等机器学习算法被广泛应用于各种网络安全任务。这些技术通过分析历史数据来训练模型，以识别垃圾邮件、钓鱼邮件、网络入侵等潜在的安全威胁。例如，决策树可以用于对特定的网络流量行为进行分类，帮助识别哪些流量可能属于恶意行为；而支持向量机能够在多维空间中找到最佳的决策边界，用于区分正常的网络行为和潜在的攻击行为。

Spam Assassin是机器学习技术在网络安全中的一个典型应用案例。它结合了贝叶斯统计方法和其他机器学习技术，通过分析邮件的内容和结构特征来自动识别和过滤垃圾邮件。Spam Assassin的效果证明了机器学习技术在提高网络安全自动化水平和减少人工干预需求方面的巨大潜力。

此外，机器学习技术的应用也扩展到了网络入侵检测系统（NIDS）的领域。通过分析网络流量和用户行为数据，机器学习模型能够识别出异常模式，这些模式可能表明了网络攻击的发生。这种基于模式识别的方法使得网络安全系统能够在攻击发生之前预警，从而提前采取防御措施，减轻或避免潜在的损害。

4. 深度革新

到了21世纪10年代，随着深度学习技术的快速发展和普及，AI在网络安全领域的应用迎来了革命性的进步。深度学习能够处理和分析海量数据集，从中学习和识别复杂的模式和特征。这种能力让AI系统不仅能够识别已知的威胁，还能发现新的、更复杂的威胁模式，大大提高了网络安全的防御能力。

在此时期，AI的应用不再局限于传统的威胁检测，而开始扮演更加积极和主动的角色，包括在自动化响应系统中的应用。这些系统能够在检测到潜在威胁时，自动采取措施进行防御，从而减少对人工干预的依赖，提高响应速度和效率。Darktrace是这一时期AI在网络安全领域应用的典型代表。该公司利用先进的机器学习和深度学习技术，开发了一种能够检测和响应网络内异常行为的安全平台。Darktrace的系统模仿了人体免疫系统的工作原理，通过持续学习网络的正常行为模式，从而识别出与众不同的行为模式，即使是之前未知的威胁也能被有效识别和阻止。AI技术的这些进步为网络安全带来了前所未有的能力，主要包括以下能力。

（1）高效的数据处理。AI能够处理和分析海量数据，识别潜在威胁而不依赖人工审查。

（2）复杂威胁的识别和分类。通过深度学习，AI能够学习和识别成千上万的威胁特征和行为模式，包括那些人类安全分析师难以察觉的模式。

（3）自动化的威胁响应。AI系统可以在检测到威胁的瞬间自动执行响应措施，比如隔离受感染的系统或自动应用安全补丁，大大加快了响应时间，减少了潜在的损害。

（4）持续的安全监控。AI系统能够不间断地监控网络活动，实现真正意义上的实时安全防护。

（5）动态适应性安全策略。随着AI技术的不断进步，网络安全领域已经基本能够实现动态性防御机制，这种机制能够根据当前网络环境和威胁情报的变化自动调整安全策略。利用深度学习和机器学习算法，AI系统能够从持续的网络活动和安全事件中学习，实时更新其威胁识别和响应模型，以应对不断演变的攻击策略，确保网络环境在面对新兴威胁时保持韧性。

总之，深度学习技术的发展极大地推动了 AI 在网络安全领域的应用，不仅改进了威胁检测和分类的能力，还引入了自动化响应和适应性安全策略，为网络安全提供了更加智能、高效的保护机制。

5. 智能防御

21 世纪 10 年代后期，网络安全进入了自适应安全和主动防御的新时代。AI 的能力在此阶段得到了进一步的扩展，不仅能够检测和响应威胁，还能预测潜在的攻击并采取主动措施防御，大大提高了网络安全的主动性和有效性。强化学习和生成对抗网络等先进技术开始被应用于网络安全，以提高防御能力并自动调整安全策略。尤其是大模型横空出世，微软推出的 SecurityCopilot 是这一时期的代表性成果之一。它结合了微软在安全领域的深厚积累和最新的大模型技术，为网络安全提供了一个全新的视角。Security Copilot 不仅能够理解和处理自然语言查询，还能分析庞大的数据集，以识别和预测安全威胁。通过持续学习的能力，它能够适应不断变化的威胁环境，实现真正意义上的自适应安全防御。国内也陆续推出了网络安全垂直大模型——安全 GPT 和天问大模型等技术模型，持续赋能网络安全防护。

这一时期 AI 在网络安全领域的技术优势提升巨大，主要包括以下内容。

（1）预测性能力的提升。通过大量数据的学习和模式识别，AI 可以识别出可能表明未来攻击的迹象和模式。这种预测性不仅限于已知威胁的变体，还包括全新的攻击方式。这意味着安全系统能够在攻击发生之前就采取措施，提前防御，从而极大地减少潜在的损害。

（2）多层次异常检测。深度学习模型能够在多个层次上识别异常行为，包括网络流量、用户行为和系统日志等。这种多层次的检测能力使得 AI 能够更准确地识别复杂的攻击模式，如横向移动和数据渗漏等。

（3）生成式 AI 的创新应用。生成式对抗网络在网络安全领域的应用，特别是在模拟攻击行为和测试系统弱点方面显示出巨大潜力。通过模拟真实的攻击场景，安全团队可以更好地理解潜在威胁，并加强系统的防御能力。此外，生成式 AI 还可以用于生成欺骗攻击者的虚假信息，从而保护关键数据免受侵害。

（4）上下文感知分析。自然语言处理（NLP）等技术使 AI 能够理解和分析网络环境中的行为背后的上下文信息。通过实时分析网络流量、用户行为、应用程序活动等多种数据源，AI增强的安全系统不仅能够基于静态规则识别威胁，还能够理解复杂的行为模式和它们背后的意图，提供更准确的安全警报和更有效的威胁防御。

（5）模型综合分析能力提升。随着大型语言模型和其他大模型的发展，AI系统现在能够处理和分析比以往任何时候都多的数据，包括非结构化数据，如社交媒体帖子、博客文章等。这种综合分析能力使得AI系统能够从广泛的数据源中提取有价值的安全情报，从而更全面地理解和防御威胁。

（6）集成化安全解决方案。大模型能够整合来自不同来源的信息，包括网络流量、用户行为、外部威胁情报等，提供全面的安全态势感知。这种集成能力使得安全团队能够更好地理解整体安全状况，做出更明智的决策。

二、AI 赋能网络安全的多元应用

AI在网络安全领域的多元应用极大地提升了防御能力、响应速度和智能决策水平。通过机器学习、深度学习等AI技术，网络安全系统能够自动分析海量数据，识别异常行为模式，预测潜在威胁，并执行精确的防御措施。AI不仅能实时监测网络流量，快速发现并阻止恶意攻击，还能自动化响应，减少人为干预，提高整体安全效率。此外，AI还应用于风险评估、合规性检查、威胁情报分析等多个方面，为网络安全构建了一个更加智能、全面的防护体系。

1. 威胁检测

在威胁检测领域，AI的关键作用是实时识别和分类网络活动中的异常行为，从而快速发现潜在的安全威胁。

（1）邮件检测和钓鱼识别。基于人工智能技术的垃圾邮件检测方案已经发展多年。目前，谷歌基于人工智能技术的Gmail垃圾邮件识别率高达99.9%。邮件检测主要基于自然语言处理（NLP）和机器学习等方法，通过分析邮件的文本内容、结构和发送行为，AI可以学习和识别钓鱼邮件的特点，从而有效地识别这类攻击。另一种钓鱼攻击是社交工程攻击，通过分析通信模式和内容，AI可以识别社交工程攻击的迹象，比如通过邮件、消息或电话进行的欺诈尝试。AI可以识别异常的通信模式，如从未与员工通信过的外部联系人突然发送请求。

（2）异常行为检测。在实践中，异常行为检测系统首先需要定义什么是"正常"

的网络行为。这通常通过分析网络的历史活动数据来实现，包括用户行为、应用程序流量和网络访问模式等。通过这种方式，机器学习模型能够学习并建立起网络活动的基线，用于后续的异常检测。一旦建立了正常行为的基线，机器学习算法就会持续监控网络活动，实时比对当前的网络流量与已知的正常模式。任何显著偏离这些基线的行为都会被标记为可疑，并触发警报。这种方法的优势在于其动态适应性，能够随着网络行为的自然演变不断调整和更新正常行为模式的基线。

（3）API安全检测。通过学习正常的API调用模式，AI能够识别出异常或恶意的API请求，如频率异常高的请求、来自未授权源的请求等。这有助于及早识别并阻止潜在的DDoS攻击、数据泄露或其他安全威胁。同时，AI技术能够自动扫描API和相关应用程序，识别潜在的安全漏洞，如SQL注入、跨站脚本攻击（XSS）、不安全的数据存储等。通过持续学习新的攻击模式，AI能够不断提高检测的准确性和效率。

（4）入侵检测系统（IDS）增强。传统IDS经常因为规则过于僵化而产生误报，这会消耗安全团队的宝贵时间和资源。AI技术能够帮助系统更精确地区分恶意行为和正常的网络异常，从而显著降低误报率。此外，AI增强的IDS能够识别出先进持续威胁（APT）和零日攻击等传统方法难以捕捉的复杂攻击模式，即使是在没有明确签名或已知指标的情况下也能有效检测。

（5）恶意软件识别。与传统方法不同，利用AI进行恶意软件识别不仅仅依赖于文件的静态属性（如文件签名），还包括分析文件的行为、更深层次的代码结构和执行逻辑等。在恶意软件识别中，深度学习模型可以从成千上万的样本中学习，识别出哪些文件特征、行为或代码结构与恶意软件相关联。AI系统可以不断地从新的恶意软件样本中学习，自我更新识别模型。这种自我学习和适应能力意味着，即便是最新开发的恶意软件，也能够被迅速识别和阻止。但攻击者也可能会尝试通过逆向工程来了解AI模型的工作原理，以此开发出能够规避检测的新型恶意软件。

（6）网络流量检测。随着TLS加密技术在互联网上的普及，加密流量不断增加，例如使用HTTPS协议的数据传输，传统的依赖于数据包检查的方法变得越来越无效。AI可以在不解密流量内容的情况下，通过分析流量模式、访问频率、数据流量大小和目的地等元数据，识别出异常行为。这种方法对于保护用户隐私尤为重要，同时也能有效地检测到利用加密通道进行的恶意活动。应用AI对加密和非加密的网络流量进行深度分析成为一种应对可能的攻击的解决方案，目前来看，它能够有效识别包括数据泄露、网络钓鱼和高级持续性威胁（APT）等在内的各种攻击行为。

（7）用户行为分析（UBA）。通过利用AI技术监控用户的正常行为模式，系统能够有效识别出异常行为，如异常的登录时间和频繁的数据访问等。这种监控不仅帮助检测来自内部的威胁，还能发现权限滥用和潜在的数据泄露风险。AI的应用使得这一过程自动化且高效，能够实时分析大量数据，确保安全团队能够迅速识别并应对这些风险，从而大大增强组织的安全防护能力。

2. 安全防御

在安全防御中，AI的应用能够在一定程度上弥补传统的防御手段的不足。

（1）自动化响应。一旦检测到潜在的安全事件，AI可以根据以往的事件处理经验、已知的威胁情报和组织的安全策略，自动推荐最佳的响应措施。这种智能决策有助于减轻人为错误的风险，确保快速而恰当的反应，比如隔离受感染的系统、更新防火墙规则或执行其他缓解措施，以减轻或阻止损害的发生。

（2）AI防火墙(AIFW)。AIFW不再单纯依赖既定签名特征机械识别已经认识的威胁，而采用机器学习和深度学习构建威胁检测模型，极大提升了威胁检测的准确性和及时性。同时引入自动化处置技术，自动调测策略、分析威胁流量，减轻运维压力，从而使防火墙可以自主检测高级未知威胁。在外部渗透阶段，AIFW采用智能恶意文件检测算法提取文件特征，而并非传统的规则库检测恶意文件，极大提升了检出率。在主机不慎失陷后，AIFW不解密就可以检测加密流量，也能提供C&C外联通道检测、DGA域名检测技术阻断非法通信。

（3）漏洞修复。AI系统不断扫描各种情报源，包括安全公告、漏洞数据库、社区讨论等，以识别新公布的漏洞和安全风险。通过机器学习算法，这些系统能够理解和分析大量的数据，快速识别出对组织构成威胁的漏洞。识别到漏洞后，AI系统会评估每个漏洞对组织的潜在影响，这包括分析漏洞的严重程度、受攻击的可行性及受影响资产的重要性。基于这些因素，系统会自动为每个漏洞分配优先级，确保最关键的漏洞能够首先得到解决。GenProg利用遗传编程测试用例执行路径并定位待修改位置，通过对代码进行插入、删除或替换修补程序源代码，Deep Repair在此基础上使用深度学习生成修复方案。由于漏洞类型繁多、漏洞定位困难等因素的存在，目前人工智能修复漏洞仍需要人工参与和研判。可靠的全自动化漏洞修复技术还需要进一步的研究投入。

（4）端点保护。AI技术可以在终端设备上实时监控和分析用户行为、应用程序活动以及系统配置变化等，从而在第一时间内识别出恶意软件、勒索软件以及零日攻击等安全威胁。通过对历史数据的深度学习，AI可以预测并阻止潜在的攻击行为，实现从被动防御到主动预防的转变。如奇安信天擎终端检测与响应系统，融入了威胁情报、大数据安全分析等功能，可以实时检测用户端点的异常行为和漏洞，通过与威胁情报对比，能够及时发现威胁，做出木马隔离和漏洞修补的安全响应。

（5）网络检测响应（NDR）。深信服NDR与全球权威IT研究与咨询机构Gartner联合发布白皮书《使用AI对抗AI：NDR中的专用AI模型》中提到，面对AI武器化的挑战，NDR应用强调AI技术来检测高级威胁及现有安全工具无法检测的网络异常行为，实力展现"用魔法打败魔法，以AI打败AI"的能力。一方面，构建检测威胁的专用AI模型，学习企业的业务模型形成基线，对偏离基线的异常行为进行告警，同时学习高级威胁和新型威胁的模型样本，进行泛化处理，对符合威胁特征的异常行为进行告警；另一方面，利用AI模型消减安全告警，避免安全分析师淹没在海量的告警日志中。

（6）攻击预测与拦截。通过学习已知漏洞的潜在特征，人工智能能够具备预测零日漏洞、未公开漏洞等未知威胁的能力。Check Point的Quantum Titan平台利用深度学习技术防范网络钓鱼攻击和域名系统漏洞，相较于传统的签名防御技术实现了五倍以上的DNS攻击拦截率和四倍以上的零日钓鱼攻击拦截率。Darktrace推出的人工智能产品Antigena，能够检测网络中的访问行为、邮件传输、云端动态等活动中存在的异常行为和漏洞，及时自动阻断并拦截异常连接和操作，实现了自主响应网络攻击威胁。

3. 安全运营

AI在安全运营方面的应用，主要指基于人工智能在威胁检测和网络防御中的应用，进一步打造智能化、自动化的网络安全运营体系。

（1）性能监控。AI增强的性能监控通过机器学习、深度学习等算法，对采集到的数据进行智能分析，实现自动化异常检测、智能根因分析、预测性维护、应用性能管理等功能。性能监控能够帮助运维团队在问题影响用户体验之前发现并解决问题，从而确保服务的稳定性和可用性。如博睿数据发布的Bonree ONE2.0，采用了自适应生成式人工智能技术Swift AI，并且使用了无监督知识图谱根因分析算法以及常态化收敛比达98%的告警收敛算法，真正实现全栈、全链路、全场景的智能可观测，故障根因定位和决策支持，显著提升运维的能力和效率。

（2）日志分析。在传统SIEM基础上，引入AI智能检测与思路分析，可以快速识别异常行为或可疑活动，提高告警的准确性。通过AI绘图技术与机器学习技术对百万级日志告警量进行模式提炼，让日常海量的安全事件分析可有效落地执行。同时AI通过理解查询的上下文和意图优化日志搜索过程，使得安全分析师能够更快地找到与特定调查相关的信息。

（3）脆弱性管理。AI可以帮助在大规模网络环境中识别和排除脆弱性。通过分析历史安全事件数据和当前的脆弱性信息，AI模型可以预测哪些脆弱性最有可能被攻击者利用，从而帮助安全团队集中资源修补最关键的问题。

（4）自动化风险评估。AI技术可以自动化复杂的风险评估过程，包括资产发现、脆弱性扫描和威胁情报收集。例如，通过自动化资产识别和分类，AI可以帮助组织维护最新的资产清单，并自动将新识别的资产与已知威胁和脆弱性数据库进行匹配，以快速评估新资产的风险状况。

（5）SOAR（智能安全自动化与编排）。SOAR平台能够自动执行一系列安全响应措施，从而在第一时间内缓解或完全阻止安全威胁的影响。集成AI的SOAR通过整合来自不同源的安全警告和事件，利用机器学习模型分析和排序安全事件优先级，从而帮助安全团队专注于最紧迫和重要的威胁。此外，AISOAR能够通过自动决策执行预定义的响应方案来快速缓解威胁，比如隔离受感染的系统、封锁恶意IP地址等，极大地提高了安全运营的效率和效果。通过这种方式，AISOAR不仅缩短了对安全威胁的响应时间，还提高了整个安全防御体系的智能化和自动化水平。如雾帜智能旗下创新产品HoneyGuide，通过虚拟作战室、AI机器人和可视化剧本编排，帮助安全团队加速威胁响应与处置，提升运营自动化水平，实现安全风险自适应治理。

（6）AISecOps（智能驱动安全运营）。AISecOps是安全运营与人工智能技术的融合，提供自动化异常行为分析、自适应防御策略生成、告警评估和攻击研判等功能。AISecOps的技术内涵可概括为：以安全运营目标为导向，以人、流程、技术与数据的融合为基础，面向预防、检测、响应、预测、恢复等网络安全风险控制、攻防对抗关键环节，构建具有高自动化水平的可信任安全智能模型，以辅助甚至代替人工提供各类安全运营服务。未来，在AISecOps技术自动化水平提升过程中，需要打造人机智能协同的算法、模型、系统与流程，才能不断地适应高级别的自动化安全运营场景。目前，Splunk、Broadcom等企业都在重点布局相关技术。

（7）安全知识问答。生成式AI通过学习网络安全知识库，能够对一般性网络安全问题给出准确、快速的回答，帮助网络安全分析人员、网络安全运维人员快速定位安全问题，降低网络安全事件处置难度，缩短网络安全人员培养周期。大语言模型能够承担安全运营体系的部分子功能，如构建安全运营知识库、担任人工智能技术客服或作战室管家、指导安全合规体系建设以及对各类制度文档进行自动合规迭代。微软提出利用基于Chat GPT的Security Copilot进行辅助安全运营，并与微软拥有65万亿个网络安全威胁的安全模型库相结合使用，为企业、个人用户提供网络安全、恶意代码防护、隐私合规监控等自动化生成式人工智能服务。

AI赋能网络安全的多元应用，正引领着网络安全领域迈向一个全新的智能化时代。通过集成机器学习、深度学习等先进AI技术，网络安全系统实现了从被动防御到主动预测、从人工干预到自动化响应的跨越。AI不仅能够精准识别网络中的恶意流量、恶意软件及异常行为，为网络提供实时的、深层次的保护；还能通过智能分析威胁情报，优化安全策略，提升整体防御水平。此外，AI在风险评估、合规性检查、数据保护等方面的应用，进一步增强了网络安全的综合防御能力。总之，AI的多元应用正深刻改变着网络安全的格局，使网络安全更加智能、高效、全面。

第二章
序列模型赋能行为异常检测

本章阐述隐马尔可夫模型（HMM）、卷积神经网络（CNN）、循环神经网络（RNN）及Transformer 模型原理，重点介绍其在 XSS 攻击识别、DoS 攻击检测、主机入侵预警及日志异常分析中的应用。

第一节
行为序列建模

行为异常检测是指通过分析行为数据，识别出与正常行为模式显著不同的异常行为。在网络安全领域，行为异常检测通常指通过监测和分析网络流量、用户行为、系统活动等数据，识别潜在的安全威胁或攻击行为。网络活动数据通常是连续的时间序列数据，例如网络流量、登录记录、文件访问记录等。时间序列模型擅长处理这种连续数据，可以识别出潜在的模式变化，因此时序模型在网络行为异常检测任务中有着大量应用。时间序列问题需要解决的是如何利用 y_i 在 $t-k$ 到 t 时间点的观测值 $y_{i,t-k:t} = \{y_{i,t-k}, \ldots, y_{i,t}\}$，以及 x_i 在 $t-k$ 到 t 时间点的观测值 $x_{i,t-k:t} = \{x_{i,t-k}, \ldots, x_{i,t}\}$，去预测 y_i 在 $t+1$ 时间点的值 $y_{i,t+1}$，用公式可以表达为

$$\hat{y}_{i,t+1} = f\left(y_{i,t-k:t}, x_{i,t-k:t}, s_i\right) \tag{2-1}$$

解决此类问题的前提在于对行为序列进行适当的建模。常见的时间序列模型包括隐马尔可夫模型（Hidden Markov Model, HMM），卷积神经网络（Convolutional Neural Network，CNN），循环神经网络（Recurrent Neural Network, RNN）以及基于注意力机制的 Transformer 模型等。

1. 隐马尔可夫模型

隐马尔可夫模型是一种用于描述具有隐含状态的随机过程的统计模型，描述了由一个隐藏的马尔可夫链随机生成不可观测的状态随机序列，再由各个状态生成一个观测而产生观测随机序列的过程。它假设系统的状态变化服从马尔可夫过程，即未来的状态只与当前状态有关，而与过去的状态无关。隐马尔可夫链随机生成的状态的序列，称为状态序列（State Sequence）；每个状态生成一个观测，而由此产生的观测的随机序列，称为观测序列（Observation Sequence）。序列的每一个位置又可以

看作是一个时刻。

隐马尔可夫模型由以下几个部分组成：状态集 Q、观测集 O、初始状态分布 π、状态转移概率 A 和观测概率 B。数学定义如下：

$$Q = \{q_1, q_2, \cdots, q_N\}, V = \{v_1, v_2, \cdots, v_M\} \tag{2-2}$$

其中，N 是可能的状态数；M 是可能的观测数；Q 是所有可能的状态的集合；V 是所有可能的观测的集合。

$$I = \{i_1, i_2, \cdots, i_T\}, O = \{o_1, o_2, \cdots, o_T\} \tag{2-3}$$

其中，I 是长度为 T 的状态序列；O 是对应的观测序列。

$$A = \left[a_{ij} \right]_{N \times N} \tag{2-4}$$

其中，A 是状态转移概率矩阵。

$a_{ij} = P\left(i_{t+1} = q_j \mid i_t = q_i\right), i = 1, 2, \cdots, N; j = 1, 2, \cdots, N$ 是在时刻 t 处于状态 q_i 的条件下在时刻 $t+1$ 转移到状态 q_j 的概率。

观测概率矩阵 B 为

$$B = \left[b_i(k) \right]_{N \times M} \tag{2-5}$$

其中，$b_i(k) = P\left(o_t = v_k \mid i_t = q_i\right)$，$k = 1, 2, \cdots, M$，$i = 1, 2, \cdots, N$ 是在时刻 t 处于状态 q_j 的条件下生成观测 v_k 的概率。

初始状态概率向量 π 为

$$\pi = (\pi_i) \tag{2-6}$$

其中，$\pi_i = P(i_1 = q_i), i = 1, 2, \cdots, N$ 表示系统在初始时刻处于状态 q_i 的概率。

隐马尔可夫模型 λ 可以用三元符号表示，即 $\lambda = (A, B, \pi)$，其中，A, B, π 称为隐马尔可夫模型的三要素。它们共同决定了隐马尔可夫模型。状态转移概率矩阵 A 与初始状态概率向量 π 确定了隐藏的马尔可夫链生成不可观测的状态序列。观测概率矩阵 B 确定了如何从状态生成观测，与状态序列综合确定了如何产生观测序列。

隐马尔可夫模型主要用于解决以下 3 类基本问题。

（1）概率计算问题。给定模型 λ 和观测序列 O，计算在模型 λ 下观测序列 O 出现的概率 $P(O \mid \lambda)$。

（2）学习问题。已知观测序列 O，估计模型 λ 参数，使得在该模型下观测序列概率 $P(O \mid \lambda)$ 最大。即用极大似然估计的方法估计参数。

（3）预测问题。也称为解码（decoding）问题。已知模型 λ 和观测序列 O，求对

给定观测序列条件概率$P(O|\lambda)$最大的状态序列$I=\{i_1,i_2,\cdots,i_T\}$。即给定观测序列，求最有可能对应的状态序列。

隐马尔可夫模型能够有效地捕捉时间序列数据中的隐含状态；以相对简单的数学形式捕捉复杂的动态系统；具有较强的可解释性，可以理解系统在不同状态下的行为和转换模式。同时，隐马尔可夫模型有着较为成熟的算法支持，如前向算法（Forward Algorithm）、后向算法（Backward Algorithm）、维特比算法（Viterbi Algorithm）和Baum-Welch算法等，能够高效地解决评估、解码和学习问题。凭借这些优势，隐马尔可夫模型在自然语言处理、语音识别、生物信息学、模式识别、网络安全等领域有着广泛的应用。

2. 卷积神经网络模型

CNN模型是一种专门用于处理具有类似网格结构数据的深度学习模型，特别适用于图像识别和计算机视觉任务。为了让CNN可以用于时间序列，研究人员设计了多层因果卷积（Causal Convolutions）。因果卷积是指具有因果约束的卷积，要求每个时间步只能使用当前时间步和更早时间步的输入。在卷积层结构上，反映为图2-1中所示的卷积方向，即每一个卷积层上的每一个节点的感受野都只能包含当前节点及更早的节点。

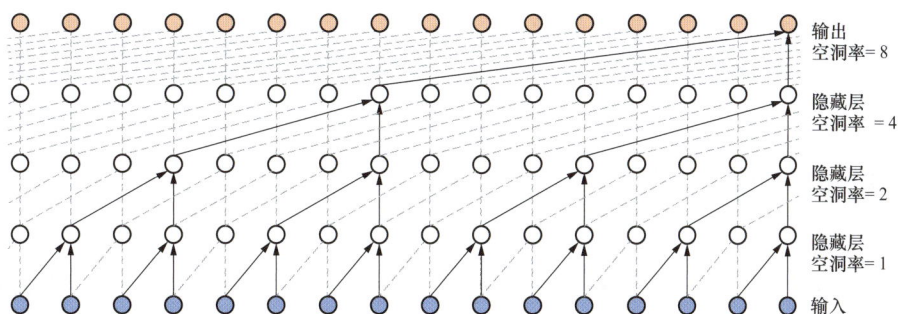

▲ 图2-1 WaveNet 模型

为了在不显著增加模型大小的情况下捕捉更长时间的依赖关系，时序卷积神经网络引入了扩大卷积（Dilated Convolutions）。如果只在连续的历史时间步上做卷积，则模型只能记忆短期的历史信息，为了克服这个问题，时序卷积神经网络采用了扩大卷积，其每个卷积层t时间步节点的输入从距离该节点的每d步间隔处获取，即对

时间步 $t, t-d, \cdots, t-(k-2)d, t-(k-1)d$ 的节点做卷积，其中 k 为卷积核大小，间隔 d 随着隐藏层深度逐级增加。这种卷积方式可以看作在时间维度上的降采样。扩大卷积通过特定排列确保某些过滤器在有效历史中可以命中每个历史输入，并允许使用深度网络保存较长的有效历史信息。时间序列的卷积神经网络的卷积操作可以用公式表达为

$$(W*h)(l,t,d_l) = \sum_{\tau=0}^{[\kappa/d_l]} W(l,\tau) h_{t-d_l\tau}^l$$
$$h_t^{l+1} = A\big[(W*h)(l,t)\big] \tag{2-7}$$

其中，$h_t^l \in \mathbb{R}^{\mathcal{H}_{in}}$ 是 l 卷积层 t 时间步的隐状态；$*$ 是卷积操作符；$W(l,\tau,d_l) \in \mathbb{R}^{\mathcal{H}_{out} \times \mathcal{H}_{in}}$ 是 l 层的卷积权重向量；$A(\cdot)$ 是激活函数；d_l 是 l 卷积层的间隔大小。以图 2-1 所示的 WaveNet 为例，每一层的 d_l 的取值为 2^l。

从公式中可以看出时序序列卷积神经网络的两个假设：

（1）时间无关性（time-invariant）：局部时间内的关系不随时间的推移而改变。

（2）时间窗口假设（look-backwindow）：t 时刻的状态只跟之前 k 个时间点的状态有关（k 是公式中 Σ 的上标）。

时序卷积神经网络通过使用扩张卷积，可以在不增加计算复杂度的情况下扩大卷积核的感受野，从而捕捉时间序列中的长期依赖关系。这使得时序卷积神经网络在处理具有长时间依赖特性的时间序列数据时表现出色；卷积操作可以并行计算，这使得训练速度更快，特别是在处理长时间序列时，并行计算的优势更加显著。

3. 循环神经网络模型

RNN 是一类专门用于处理序列数据的神经网络模型，它的核心在于隐状态（hiddenstate）。RNN 架构如图 2-2 所示，RNN 通过隐状态来记忆序列数据的上下文信息。隐状态在每个时间步进行更新，并将前一个时间步的信息传递到下一个时间步。因此，RNN 可以在处理当前输入时，可以结合之前所有时间步的信息，这使得它在处理序列数据时具有优势。

隐状态 h_t 是随时间滚动更新的，给定一个时间序列 $x = [x_1, x_2, \cdots, x_T]$，RNN 在每个时间步 t 都会更新其隐状态 h_t。隐状态的更新公式为

$$h_t = f\big(W_{xh}x_t + W_{hh}h_{t-1} + b_h\big) \tag{2-8}$$

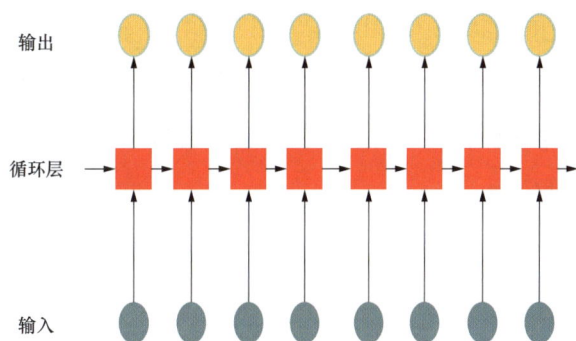

▲ 图 2-2 RNN 架构

式中 W_{xh} ——当前时间步的输入到隐状态的权重矩阵；

W_{hh} ——前一隐状态到当前隐状态的权重矩阵；

b_h ——偏置项；

$f(\cdot)$ ——激活函数，通常选用 $tanh$ 或 ReLU。

每个时间步更新得到的隐状态 h_t 既是需要传递到下一个时间点的信息，同时也用来生成当前时间步的模型输出 y_t：

$$y_t = g\left(W_{hy}h_t + b_y\right) \tag{2-9}$$

式中 W_{yh} ——隐藏状态到输出的权重矩阵；

b_y ——输出的偏置项；

$g(\cdot)$ ——输出层激活函数，通常选用 $softmax$（分类任务）或线性函数（回归任务）。

尽管隐状态的引入使得 RNN 模型在处理序列数据时展现出了显著的优势，但其更新规则也带来了梯度消失和梯度爆炸的问题。当面对较长的时间序列数据，模型反向传播更新参数时，梯度通过时间步反向传递，误差也会逐步积累，这会导致梯度的链式乘积。如果激活函数的导数较小，则多个小于 1 的数相乘导致梯度逐渐减小趋近于零，最终导致远离当前时间步的参数更新停滞；类似地，如果激活函数的导数较大，多个大于 1 的数相乘导致梯度值急剧增大，最终导致模型发散，难以收敛到合适的解。

为了克服这些问题，Hochreiter、Schmidhuber 和 Bengio 三位研究人员改进了 RNN，提出了一种称为长短期记忆网络（LongShort-TermMemory，LSTM）的结构。LSTM 通过引入门控机制来控制信息流动，帮助模型更好地捕捉和记忆长时间依赖关系。其核心组件是单元状态（cellstate）和三种门：输入门（inputgate）、遗忘门（forgetgate）和输出门（outputgate）。和隐状态不同，单元状态专门用来保存"长期记忆"，而三种门控机制决定了哪些信息需要遗忘、哪些信息需要记忆，有效地控制信息在网络中的传递和更新。

（1）单元状态 C_t 用于存储需要长期记忆的信息，除非被门控机制显式地修改，否则单元状态几乎不会改变，因此，信息可以在很长的时间步中得到保存。

（2）遗忘门决定需要从单元状态中丢弃多少信息。遗忘门根据当前输入 x_t 和前一隐状态 h_{t-1} 生成一个介于 0 和 1 之间的值，表示单元状态中每个元素保留的比例。

$$f_t = \sigma\left(W_f\left[h_{t-1}, x_t\right] + b_f\right) \tag{2-10}$$

式中　σ ——sigmod 函数；

　　　W_f ——权重矩阵；

　　　b_f ——偏置项。

（3）输入门决定需要添加多少新信息到单元状态中。它由两个部分组成：一个 sigmoid 层决定哪些值需要更新，另一个 tanh 层生成新的候选值。

$$i_t = \sigma\left(W_i\left[h_{t-1}, x_t\right] + b_i\right)$$
$$\tilde{C}_t = tanh\left(W_C\left[h_{t-1}, x_t\right] + b_C\right)\sim \tag{2-11}$$

式中　i_t　　　——输入门；

　　　$\tilde{C}_t$　　　——候选值；

　　　W_i, W_C ——相应的权重矩阵；

　　　b_i, b_C　——偏置项。

（4）输入门和遗忘门共同决定了单元状态应如何更新。

$$C_t = f_t * C_{t-1} + i_t * \tilde{C}_t \tag{2-12}$$

（5）输出门决定当前隐状态 h_t 的值。首先通过 sigmoid 层生成输出门值，然后通过 tanh 函数生成新的隐状态。

$$o_t = \sigma\left(W_o\left[h_{t-1}, x_t\right] + b_o\right)$$
$$h_t = o_t * tanh\left(C_t\right) \tag{2-13}$$

其中，o_t是输出门，W_o和b_o是相应的权重矩阵和偏置项。

与传统的RNN相比，LSTM更加适用于处理和预测时间序列中间隔较长的任务。例如，在电网管理领域，LSTM可以用来预测电力负荷；在网络安全领域，LSTM可以用来分析网络流量以检测异常行为。在实际应用中，还需要考虑更多因素，如数据预处理、特征工程、模型调参等步骤。LSTM凭借其天然地支持具有先后关系的输入和输出的架构，在处理和建模序列数据方面有着广泛的应用，在自然语言处理、语音识别、时序预测等领域取得了巨大成功。

4.Transformer 模型

Transformer模型是一种基于注意力机制的深度学习模型，由Vaswani等人在2017年提出，用于解决序列到序列任务。与RNN和LSTM等模型不同的是，Transformer模型不再依赖序列数据的时间步处理，而是依赖于注意力机制。

（1）注意力机制。

尽管GRU、LSTM等模型已经在时间序列任务中取得了相当的成果，然而，它们依然存在两方面的不足之处：一方面是计算能力的限制，当要记住很多"信息"，模型就要变得更复杂，目前计算能力依然是限制神经网络发展的瓶颈；另一方面是优化算法的限制，虽然局部连接、权重共享以及pooling等优化操作可以让神经网络变得简单一些，有效缓解模型复杂度和表达能力之间的矛盾，但模型信息"记忆"能力并不高，如循环神经网络中的长距离依赖问题等。

为了更充分地利用序列中的长期依赖关系，Bahdanau等人针对编码器–解码器结构的模型提出了一种注意力（Attention）机制。该机制借鉴人脑的注意力机制，对于输入进模型的序列只选择一些关键的信息输入进行处理，来提高神经网络处理信息的能力。按照认知神经学中的注意力，可以总体上分为两类：

1）聚焦式（focus）注意力，自上而下的有意识的注意力，主动注意——是指有预定目的、依赖任务的、主动有意识地聚焦于某一对象的注意力；

2）显著性（saliency-based）注意力，自下而上的有意识的注意力，被动注意——基于显著性的注意力是由外界刺激驱动的注意，不需要主动干预，也和任务无关；可以将max-pooling和门控机制来近似地看作是自下而上的基于显著性的注意力机制。在人工神经网络中，注意力机制一般就特指聚焦式注意力。

注意力机制的基本思想是允许解码器在生成输出序列的每个时间步时，都可以访问编码器隐藏状态的所有时间步，通过计算注意力权重来决定关注哪些部分。这使得模型能够更灵活地处理输入序列中的信息，尤其是在长序列数据中。

把模型的信息源想象成是内存里的一块存储空间，它里面存储的数据按键值对 <Key,Value> 存储，Key 表示每个元素拥有的信息，Value 表示每个元素实际包含的信息。如图 2-3 所示，给定一个和任务相关的查询 Query 表示当前元素希望寻找的信息，通过计算查询和键之间的相似度（通常是点积操作），可以确定每个输入元素在当前查询中的重要性，然后使用这些相似度（注意力权重）将对应的值进行加权求和，以得到最终的输出。注意力机制缓解神经网络模型复杂度的体现在于，模型不需要将所有的输入信息都输入到神经网络进行计算，只需要从输入序列中选择一些和任务相关的信息输入给神经网络。

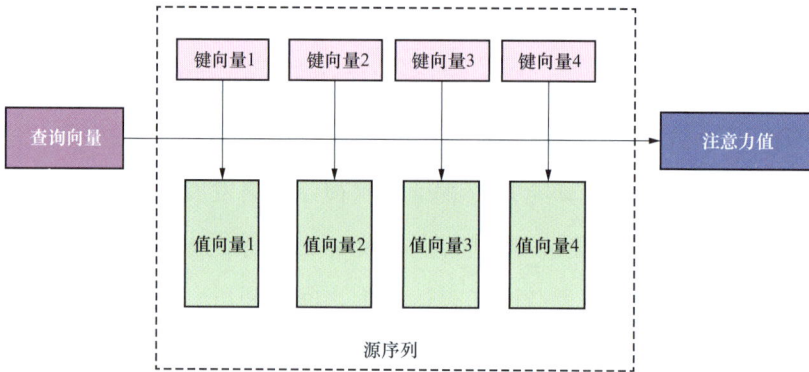

▲ 图 2-3　Attention 机制

注意力机制首先为每个编码器隐藏状态 h_i 和当前解码器隐藏状态 s_{t-1} 计算注意力得分 e_{ti} 并通过 softmax 函数归一化得到注意力权重 a_{ti}：

$$e_{ti} = v^\top tanh\left(W_1 h_i + W_2 s_{t-1}\right)$$
$$\alpha_{ti} = softmax\left(e_{ti}\right)$$

（2-14）

式中　v, W_1, W_2——模型学习到的参数。

其次，使用得到的注意力权重对编码器隐藏状态进行加权求和，得到指导解码器输出的上下文向量 $\mathbf{c}_t$ 为

$$\mathbf{c}_t = \sum_{i=1}^{T_x} \alpha_{ti} h_i$$

（2-15）

最后，上下文向量 $\mathbf{c}_t$ 和当前解码器隐藏状态 s_t 结合用于生成解码器的输出。

注意力机制通过动态关注输入序列的不同部分，可以更好地捕捉长时间依赖关系。在许多序列到序列任务中，注意力机制显著提高了模型的性能，特别是在机器翻译、文本生成等任务中。除此之外，注意力权重提供了一种可视化解释模型决策的方式，便于理解模型如何处理输入序列。自提出以来，注意力机制得到广泛的研究和发展，衍生出了乘性注意力、自注意力、多头注意力等多种变体。

（2）基于多头注意力机制的Transformer模型。

Transformer模型的核心创新就在于其对注意力机制做了进一步改进得到一种多头自注意力机制，该机制通过并行计算多个注意力头来高效地捕捉不同的子空间信息。如图2-4所示，多头注意力的主要思想是将输入序列转换成多个不同的查询（Query）、键（Key）和值（Value）分别进行注意力计算，每个注意力头捕捉不同的特征，然后将这些特征组合起来，从而更全面地表示输入序列。

多头自注意力机制的具体计算步骤如下：

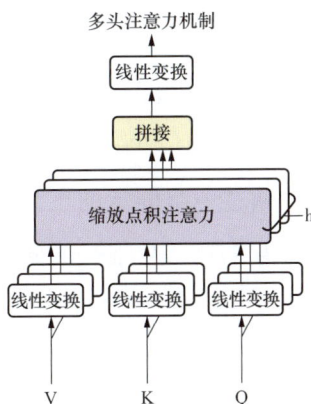

▲ 图2-4 多头注意力

1）输入序列线性变换。

对于输入序列输入序列 $X = [x_1, x_2, ..., x_T] \in \mathbb{R}^{T \times d_{model}}$ 进行线性变换生成查询、键、值矩阵：

$$Q = XW^Q, K = XW^K, V = XW^V \tag{2-16}$$

其中，$W^Q, W^K, W^V \in \mathbb{R}^{d_{model} \times d_{model}}$；$d_{model}$ 为模型维度。

2）分头计算。

在特征维度上将查询、键、值拆分成 h 个头，则每个头的维度为 $d_k = \dfrac{d_{model}}{h}$。

3）计算注意力权重。

对每个注意力头计算注意力权重和上下文向量：

$$head_i = Attention\left(Q_i, K_i, V_i\right) = softmax\left(\frac{Q_i K_i^{\top}}{\sqrt{d_k}} V_i\right) \tag{2-17}$$

4）多头注意力输出。

将所有注意力头的输出进行拼接，并通过线性变换得到最终多头注意力的输出：

$$MultiHead\left(Q, K, V\right) = Concat\left(head_1, head_2, \cdots, head_h\right)W^O \tag{2-18}$$

多头自注意力机制具有两个优势，每个注意力头可以分别关注输入序列的不同特征，从而捕捉到不同的子空间信息，使模型具有更强的表达能力和鲁棒性。另外，通过将输入序列转换成多个查询、键和值矩阵的形式，注意力机制能够实现并行计算，大大提高了计算效率，在面对长输入序列时更具优势。

虽然多头自注意力机制为 Transformer 模型提供了优秀的信息捕捉能力，但是它不依赖序列数据的时间步处理，也导致了模型无法捕捉序列中元素的顺序信息。为了弥补这一缺点，Transformer 模型引入了专门的位置编码模块（Positional Encoding），将位置信息显式地注入输入序列的表示中。Transformer 模型采用基于正弦和余弦函数的固定位置编码方式。这种方法通过一组固定的正弦和余弦函数，将每个位置映射到一个高维向量，确保了每个位置都有一个唯一的向量表示，并且这些表示在维度空间中具有平滑变化的性质。

$$
\begin{aligned}
PE_{(pos,2i)} &= \sin\left(\frac{pos}{10000^{\frac{2i}{d_{model}}}}\right) \\[2em]
PE_{(pos,2i+1)} &= dos\left(\frac{pos}{10000^{\frac{2i}{d_{model}}}}\right)
\end{aligned}
\tag{2-19}
$$

式中 pos ——位置索引；

$PE_{(pos,2i)}$ ——位置 pos 在偶数维度 $2i$ 上的编码；

$PE_{(pos,2i+1)}$ ——位置 pos 在奇数维度 $2i+1$ 上的编码。

最后，将位置编码向量和输入序列的表示向量相加，即可得到模型的最终输入表示为

$$X_{input} = X + PE \qquad (2-20)$$

这种位置编码方式利用正弦和余弦函数的周期性使得模型能够捕捉到不同尺度上的位置关系，从而更好地理解序列中元素的相对位置，同时，正弦和余弦函数在不同位置之间产生平滑的变化，这有助于模型更好地泛化到不同长度的序列和位置。另外，这种位置编码方法是固定的，不依赖于训练数据，因此不需要额外的参数来学习位置信息，减少了模型的复杂性。

如图2-5所示，Transformer模型是编码器—解码器架构，编码器和解码器又分别由多个相同的层堆叠而成。

（1）编码器（Encoder）由多个编码器层堆叠形成，每个编码器层又包含一个多头自注意力模块和一个前馈神经网络模块，每个模块都有残差连接（Residual

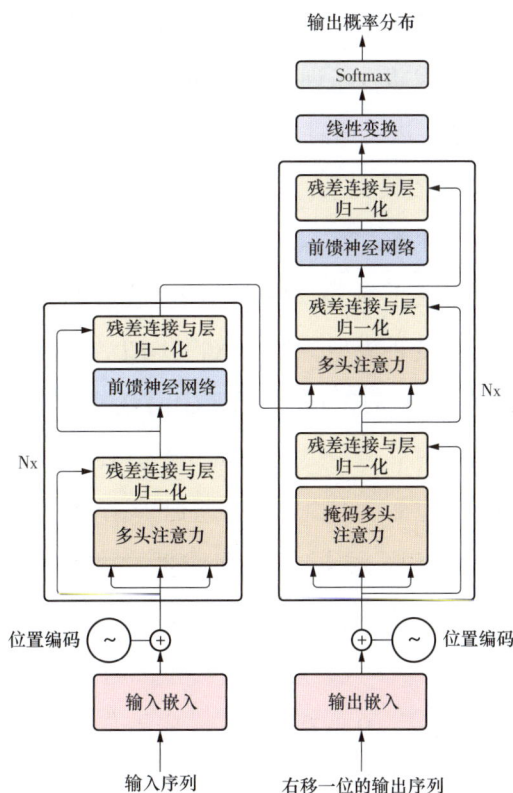

▲ 图2-5 Transformer模型架构

Connection）和层归一化（Layer Normalization），以提高训练的稳定性和深度。编码器的多头自注意力模块允许每个位置在输入序列中关注其他所有位置，以捕捉全局依赖关系。前馈神经网络则是一个简单的全连接前馈网络，应用于每个位置，独立处理每个位置的表示。

（2）解码器（Decoder）也是由多个解码器层堆叠形成，每个解码器层包含一个掩码多头自注意力模块、一个多头编码器—解码器注意力模块和一个前馈神经网络。其中，第一个掩码多头自注意力模块与编码器层的自注意力模块结构相同，但为了保证自回归特性，使用了掩码（Masking）遮盖了输入矩阵的一半，使得解码器在生成输出时每个输入元素只能关注到当前位置及之前位置的元素。第二个多头编码器—解码器注意力模块的键K和值V由编码器的输出进行变换得到，而查询Q由解码器层上一模块的输出变换得到。这一机制使解码器能够关注编码器的输出，从而结合输入序列的信息生成输出序列。

Transformer模型在深度学习，特别是自然语言处理领域带来了革命性的进步，Transformer模型不依赖于序列数据的顺序处理，在训练阶段实现了并行化处理，显著提高了训练速度和效率，大大减少了训练时间，使得训练大规模模型变得更加可行，促进了大规模预训练模型的发展；通过自注意力机制，Transformer能够直接捕捉输入序列中任意两个位置之间的依赖关系，在处理长序列时，能够更好地理解上下文信息，提高了模型的准确性和性能；Transformer模型的架构非常灵活，可以方便地扩展和调整，例如增加层数、改变头数等，促进了模型在各种任务中的应用和改进，催生了大量基于Transformer的变种模型，如BERT、GPT、T5等。Transformer及其变体模型已经成为现代深度学习的重要工具，广泛应用于工业界和学术界。

第二节
基于隐马尔可夫模型的异常检测

在当今高度数字化和互联的世界中，网络安全已成为各类组织和企业面临的关键挑战之一。网络攻击、数据泄露、系统滥用等安全威胁日益复杂多变，给网络安全防护带来了巨大压力。其中，异常流量分析、异常行为检测和攻击检测是网络安全防护的重要内容，旨在及时发现和应对潜在的安全威胁。

异常流量分析主要关注网络流量的监控和分析，以识别潜在的恶意活动和异常流量模式。随着网络流量的多样化和数据量的激增，如何高效、准确地检测异常流量成为一大难题。攻击者不断演变其技术和手段，传统基于规则的检测方法已经难以应对新型攻击。异常行为检测则聚焦于用户和系统的操作行为，通过识别异常操作来防范恶意行为和内部威胁。用户行为的多样性和操作模式的复杂性，使得建立准确的行为模型具有较高难度。

这些问题往往包含的特征为：①数据复杂性和多样性：网络流量和用户行为数据具有高度的多样性和复杂性，传统方法难以全面覆盖。②实时性需求：网络安全防护要求实时监控和快速响应，延迟可能导致严重后果。③隐蔽性和动态性：攻击行为往往隐藏在正常操作中，并且攻击手段不断演变，增加了检测的难度。④高误报率：许多检测方法容易产生大量误报，增加了安全团队的负担。

隐马尔可夫模型作为一种强大的序列建模工具，因其独特的优势在解决这些问题中展现出巨大潜力。HMM能够有效处理时间序列数据，通过建模正常流量和行为的时间序列特征，识别异常模式。其隐含状态的处理能力，使得HMM在检测隐藏的攻击行为和异常操作时尤为有效。此外，HMM的概率性框架可以提供异常的概率评估，降低误报率，提升检测的准确性和可靠性。因此，隐马尔可夫模型成为了解决这些问题的重要工具。

1. 基于隐马尔可夫模型的跨站脚本攻击识别

跨站脚本攻击（Cross-site Scripting，XSS）是一种危害严重的 Web 漏洞，其中反射型 XSS 最为常见的，因此对于反射型 XSS 的检测尤为重要。然而，反射型 XSS 变种繁多，基于规则的传统 XSS 检测工具难以检测变形的反射型 XSS。隐马尔可夫模型运用在 XSS 检测中具有明显的优势，此类方法采用词集模型对反射型 XSS 训练样本进行序列化处理并作为观察序列进行 HMM 训练，生成的 HMM 检测器相比于基于规则的 Chrome XSS-filter，在准确率、误报率和漏报率方面都有一定的提升，尤其是对变形的反射型 XSS 检测效果要明显优于 Chrome XSS-filter。

赵澄等人提出了一种基于 HMM 的反射型 XSS 检测器，其主要分为 HMM 模型训练和 HMM 模型验证两个部分，如图 2-6 所示。HMM 模型训练阶段的目的是生成 HMM 攻击检测模型，模型训练中最重要的一部分是观察序列的生成，观察序列由反射型 XSS 攻击训练样本经过处理得到，先进行数据清洗，然后进行词汇分割并对每部分进行词集编码，编码之后进行序列化作为 HMM 模型的观察序列，用观察序列训练 HMM 检测模型。模型验证部分是用训练得到的 HMM 检测模型对测试样本进行评估，以验证模型的识别效果。

模型训练阶段需要解决的问题是提取反射型 XSS 攻击训练样本的词集并将其序列化，作为观测序列 $O = [o_1, o_2, \cdots, o_T]$。用该观测序列训练 HMM 模型以求得最优参数 $\overline{\lambda} = \left\{ N, M, \overline{\mathbf{A}}, \overline{\mathbf{B}}, \overline{\pi} \right\}$ 以使观测值出现的概率 $P(o \mid \lambda)$ 最大。因此，这是一个 HMM 学习问题。该方法在解决学习问题时，采用前向-后向算法计算观测序列概率 $P(o \mid \lambda)$，采用

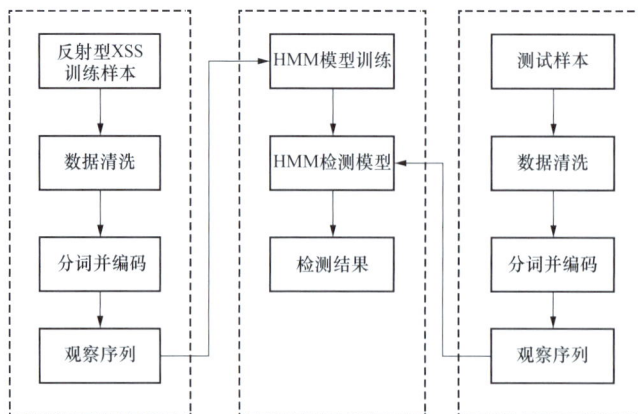

▲ 图 2-6　基于 HMM 的 XSS 攻击识别

具有极大似然标准的Baum-Welch算法估计参数A, B, π。

模型验证阶段需要解决的问题是提取反射型XSS攻击测试样本的词集并将其序列化，作为观测序列$O = [o_1, o_2, \cdots, o_T]$。在已知模型参数$\lambda = \{N, M, \mathbf{A}, \mathbf{B}, \pi\}$的情况下，求模型产生观测序列的概率$P(o \mid \lambda)$。这是一个HMM概率计算问题。最后将得到的概率值取自然对数后与设定的阈值进行比较，比阈值大的为正常样本，比阈值小的则判定为攻击样本。

实验选取500个XSS样本和500个正常请求样本，其中正常请求样本从Web服务器日志中获取，规定XSS样本为正样本，正常请求样本为负样本。为了全面评价HMM检测模型的效果，实验使用准确率、误报率和漏报率为评价指标，其中准确率表示分类的准确度，误报率表示错判为正的负样本占总的负样本的比例，漏报率表示错判为负的正样本占总的正样本的比例。实验结果表明HMM检测模型比对比算法在准确率方面高约3%，在误报率方面低约1%，在漏报率方面低约3%。

2. 基于隐马尔可夫模型的用户异常行为检测

异常检测是目前入侵检测系统（Intrusion Detection System，IDS）的主要研究方向。这种检测技术建立系统或用户的正常行为模式，通过被监测系统或用户的实际行为模式和正常模式之间的比较和匹配来检测入侵，其特点是不需要过多有关系统缺陷的知识，具有较强的适应性，并且能够检测出未知的入侵模式。近年来，面向shell命令或系统调用为审计数据的异常检测得到了较多的研究和应用。

HMM方法在该领域的应用是一个重要的研究方向。WarrenderC等人利用系统调用数据，进行了针对程序行为的异常检测研究和实验，通过使用由几个不同的程序生成的系统调用数据集，比较了4种方法在准确地表示正常行为和识别入侵的能力。实验显示尽管要求的计算资源高于其他方法，但HMM确实在多个入侵检测数据集上取得了最高的识别精度，特别是随着数据集规模的增大，HMM的优势更加明显。LaneT等人利用UNIX用户的shell命令数据，进行了针对用户行为的异常检测，该方法是用单个HMM描述正常用户的行为轮廓，模型的训练采用了Baum-Welch算法，检测时利用近似的前向后向算法，并根据贝叶斯准则对用户行为进行判决。孙宏伟等人根据行为模式的出现频率对其进行分类，用HMM的状态来代表不同种类的行为模式，并引入一个附加状态，采用序列匹配方法对模型进行训练，根据模型和程序行为的特点，采用了基于状态序列出现概率的判决准则。

邬书跃等人提出了一种基于隐马尔可夫模型的用户行为异常检测方法，该方法改进了对用户行为模式和行为轮廓的表示方式，在HMM的训练中采用了运算量较小的序列匹配方法，并基于状态序列出现概率对被监测用户的行为进行判决。

（1）HMM建模。

该方法首先建立2个HMM，其中一个HMM用于描述一个或一组合法用户的正常行为轮廓，另一个HMM用于描述（入侵者或合法用户的）异常行为轮廓。2个HMM的状态集合以及各状态对应的观测值集合相同，其状态对应于合法用户的行为模式类型。按照行为模式所对应的shell命令序列的长度对命令进行分类，并根据合法用户的正常训练数据确定每个状态对应的观测值集合。建模的首要问题是确定合法用户正常行为模式（命令序列长度）的种类个数W。将HMM的状态个数设为$N=W+1$，状态集合设为Ω_q，其中前W个状态同合法用户的W类正常行为模式一一对应，第$W+1$个状态为附加状态，它对应于合法用户的正常历史行为中未出现过的行为模式。

然后，根据合法用户的正常训练数据确定HMM各状态对应的观测值集合Ω_0。设一个合法用户的正常命令流为$R=(s_1,s_2,\cdots,s_r)$，它是该用户在正常操作时所执行的总长度为r的shell命令流；如前所述，将命令流按行为模式（命令序列长度）划分，对某行为模式下所有的命令序列的出现概率与设定的阈值进行比较，大于阈值的命令序列共同组成了该行为模式下的观测值。附加状态对应的观测值集合包括两部分，一部分是由正常训练数据中未出现过的命令组成的长度为1的序列，另一部分则有所区别，当要求最短的命令序列长度为1时，它是长度为1的全部命令序列中出现概率小于等于阈值的命令序列；当要求最短命令序列的长度大于1时，它是长度小于要求的最短长度的所有序列。在该方法中，不同状态对应的观测值集合是不相交的，这和一般的HMM不同，也是此方法的一个主要特点。

（2）模型训练。

模型训练阶段需要解决的问题是用观测序列训练HMM模型以求得最优参数$\bar{\lambda}=\{N,M,\bar{\mathbf{A}},\bar{\mathbf{B}},\bar{\pi}\}$以使观测值出现的概率$P(o|\lambda)$最大。因此，这是一个HMM学习问题。该方法采用Baum-Welch算法来估计参数A,B,π。对描述正常用户行为的HMM和描述异常用户行为的HMM分别进行训练，得到各自的最优参数。

（3）检测。

在检测阶段，HMM要解决的是一个概率计算问题。首先要得到被监测用户在被监测时间内所执行的shell命令流，根据命令流得到状态序列。为了实时监测用户的行为，采用滑动窗在观测值序列中截取短序列，以短序列为数据单元进行分析。具体来说，根据状态短序列以及训练阶段得到的最优参数计算HMM模型所描述的行为出现概率 $P(p|\lambda)$，并进行加窗平滑处理，再结合预先设定的阈值进行比较，若大于这个门限，将被监测用户的当前行为判为正常行为，否则将其判为异常行为。

实验对用户行为异常检测方法的性能进行了测试，实验中采用了普渡大学公开发布的shell命令实验数据。在虚警概率为0的条件下，模型的平均检测概率均可达到90%以上。

第三节
基于卷积神经网络模型的异常检测

CNN作为一种强大的深度学习技术，具有自动特征学习和高维数据处理的能力，通过多层卷积操作提取数据中的层次特征，能够深入挖掘数据中的复杂模式。其在图像处理中的成功经验也可以转化为处理网络安全数据的有效手段。例如，在恶意软件检测中，CNN可以通过对比样本的深层次特征来识别未知的恶意变种；在入侵检测系统中，CNN可以通过分析网络流量中的模式变化来识别异常行为；在用户行为分析中，CNN能够捕捉用户行为的深层次特征，从而提高异常检测的准确率。因此，CNN在网络安全领域也有着巨大的实用价值。

基于CNN的DoS攻击检测。在网络安全领域，拒绝服务攻击（DoS攻击）是一种常见且危害严重的网络攻击类型。DoS攻击通过大量的虚假请求占用网络资源，使得合法用户无法访问服务。这种攻击不仅影响服务的可用性，还可能导致重大经济损失。传统的DoS攻击检测方法通常依赖于规则和特征匹配，这种方法在面对不断演化的攻击模式时往往显得不足，因此一些研究人员考虑使用CNN来处理DoS问题。使用CNN进行DoS攻击检测，能够自动从网络流量数据中提取高维特征，也可以适应未知的攻击。

Nguyen等人设计并实现了一种入侵检测系统用于DoS攻击检测。如图2-7所示，与常规CNN模型不同，该方法设计了一个具有两层卷积层和三层全连接层的CNN架构，不使用池化层来执行下采样操作。

1. 卷积层

在第一个卷积层Conv1中，使用64个[3×3]大小的滤波器。此层的输入数据是网络流量经过数据预处理生成的二维图像（矩阵），每个图像大小为[7×7]。此层将产生大小为[7×7×64]的特征图。

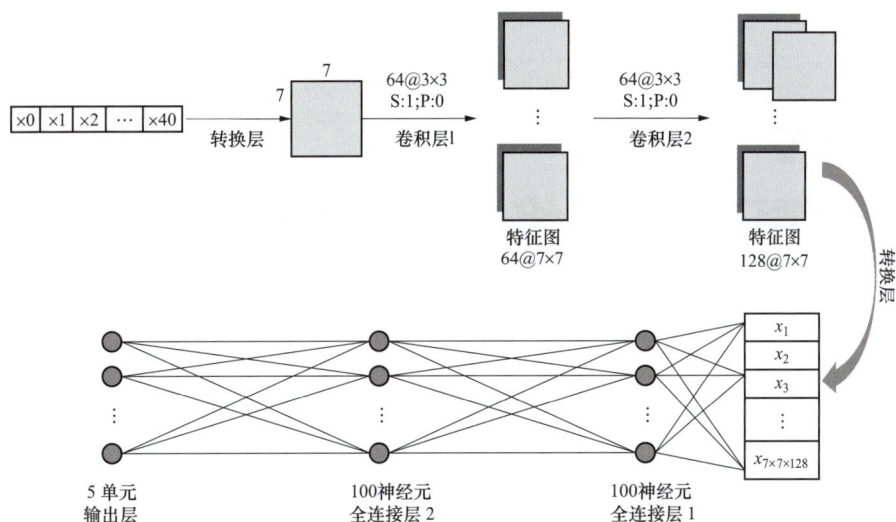

▲ 图 2-7 基于卷积神经的 DoS 检测网络结构

第二个卷积层 Conv2 使用了 128 个 [3×3] 的滤波器，因此会产生大小为 [7×7×128] 的特征图。这两个卷积层使用相同的参数：步长 S=1；零填充 P=0；ReLU 为激活函数，在每层中保持体积大小不变。

2. 全连接层

使用了三层全连接层。由 Conv2 生成的特征图被用作第一层全连接层的输入。第二层全连接层使用与第一层相同的参数：隐藏单元数 h=100；偏置 b=0；激活函数为 ReLU。最后一层全连接层（输出层）将计算类别分数，产生大小为 [1×1×5] 的体积，其中 5 个数字中的每一个对应于一个类别分数，例如 5 种 Dos 攻击类别。drop-out 参数 d=0.5，以避免 CNN 训练阶段的过拟合问题。

实验选择了 KNN、SVM、朴素贝叶斯作为对比算法。实验结果表明，CNN 的检测准确率最高，为 99.87%，朴素贝叶斯的检测准确度最低，为 54.42%。而朴素贝叶斯的执行时间最小，执行时间为 98s，CNN 模型为 600s，KNN 为 225600s。

第四节
基于循环神经网络模型的异常检测

RNN擅长处理和建模序列数据，通过循环连接能够捕捉数据中的时间依赖关系。这使得RNN在处理网络流量和用户行为等时间序列数据时表现尤为出色。此外，RNN的变体，如LSTM，GRU等，进一步增强了其处理长时间依赖和复杂序列模式的能力，适用于捕捉复杂和动态的网络攻击行为。通过应用RNN模型，网络安全防护系统可以更准确地识别和预防各种潜在的安全威胁，为保障信息系统的安全性和稳定性提供强有力的技术支持。

1. 基于LSTM的主机入侵检测

主机入侵检测（Host-based Intrusion Detection System，HIDS）是一种监控和分析主机活动以检测恶意行为或安全漏洞的安全技术。HIDS通过在目标主机上部署代理程序，收集和分析系统日志、文件完整性、进程活动和网络连接等数据，以识别潜在的入侵行为。LSTM凭借可以捕捉长时间依赖关系、低误报、自适应学习等能力，其在主机入侵检测上的应用逐渐受到关注和重视。例如，用于分析文件访问和修改的时间序列数据，通过学习文件系统的正常操作模式，识别异常的文件操作，如未授权的文件修改、创建或删除；用于分析主机的网络连接和流量模式，通过捕捉正常的网络通信行为，识别异常的网络连接和流量模式，如突然的网络连接峰值、未授权的外部连接或端口扫描活动等。

R.Vinayakumar等人在他们的文章中描述了网络安全任务如何进行序列数据建模。作者将网络流量建模为时间序列，特别是在预定时间范围内的（TCP/IP）数据包，使用监督学习方法，通过数百万已知的良好和不良网络连接，对各种RNN架构及其参数和结构进行全面审查，以发现一个最优架构。

在此基础上，考虑到LSTM模型可以从特征表示中学习并自动对长期时间依赖性进行建模，Zarai 等人通过堆叠 4 层 LSTM 层和 4 层隐藏层实现了一种端到端完全连接的深度 LSTM 网络，如图 2-8 所示，用于识别攻击行为。分别将隐藏层神经元个数设置为 8、16、32 进行实验并和其他模型进行对比。实验指标采用准确率 (Accuracy)、精确率 (Precision)、误报率 (Recall) 和 F1 分数 (F1-Score)。实验结果表明，模型的指标分别为 0.983、1.00、0.979 和 0.998，优于其他模型。

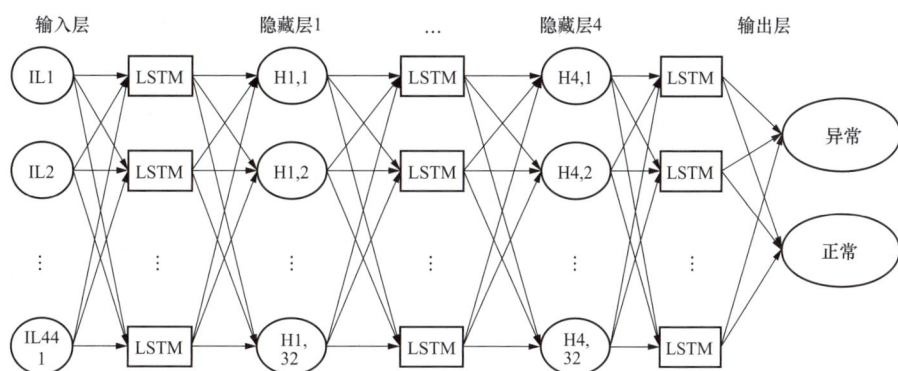

▲ 图 2-8　基于 LSTM 的主机入侵检测

2. 基于 CNN+LSTM 的网络威胁检测

网络安全态势感知模型（Cybersecurity Situational Awareness Model）是一种用于实时监控、分析和理解网络环境安全状态的综合性方法。它旨在帮助安全专家和自动化系统迅速识别和响应各种网络威胁和攻击。态势感知模型通过整合多种数据源，提供全面的网络安全视图，支持决策制定和安全防护。由于网络数据具有动态、非线性和高噪声等特点，网络安全态势感知模型不仅要及时地感知网络态势的变化，还要对将来的网络态势进行推测，因此成为一项非常具有挑战性的工作。

于春光等人提出了一种基于 LSTM 的安全态势感知模型并结合 CNN 的网络优化算法，提高了网络威胁预测精度。该模型首先基于攻击影响提出了一个态势指标评估因子，并构建了网络安全态势评估指标体系。同时，将改进的 LSTM 方法应用于网络安全态势评估，通过最终获得的影响指标来评估当前的网络安全态势，从而能够准确、高效地评估网络的当前状态。对态势进行评估和预测的基础是构建科学合理的评估指标体系。构建指标体系时，需要选择适中的指标因素。如果选取的指标数量过多，会使评估模型的结构复杂化，从而降低整个评估过程的实时性和准确性；若选取的指标过少，则会增加评估结果的偶然性和随机性。具体来说，该方法根据以下原则来选取态势影响指标：

（1）层次性。层次性指所选取的指标能够反映网络整体结构和运行状况，各设备之间和传输数据信息所反映的信息应具有一定的差异性，尽可能选取多层次、多方面的指标数据进行分析。

（2）系统性。系统性指所选取的指标应尽可能具有代表性和典型性，网络安全的各个因素之间相互关联和相互影响，因此能够系统、全面地反映整个网络安全的整体状况。

（3）相似性。相似性指标中存在功能近似且相互影响的因素，这些因素会影响网络安全的整体态势状态，因此在进行指标选取时应予以考虑。

在构建态势评估指标体系后，需要对网络态势进行分类。根据国标GB/T 20984—2007以及国家突发公共事件总体应急预案，将整体网络态势分为4个类别，即安全、轻度危险、中度危险、重度危险四个等级。为了直观分析网络安全态势评估的结果，在[0,1]范围内对安全态势值进行量化。

该方法还使用了改进的循环神经网络（C–LSTM）模型用于对网络安全态势值变化趋势的预测，如图2–9所示，C–LSTM是由卷积神经网络和循环神经网络以线性结

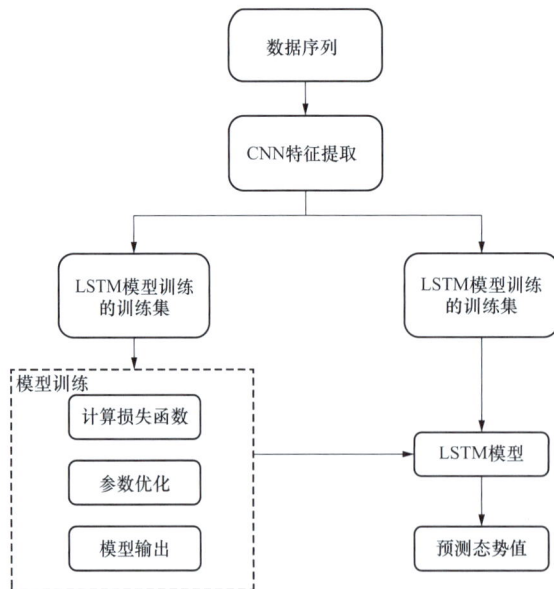

▲ 图 2-9　基于改进 LSTM 的态势感知框架

构串联组成。由于CNN在提取空间特征上具有优势，通过它构建的滤波器能够对输入数据进行逐层卷积和池化操作来提取数据之间隐藏的特征。

研究人员在数据集中提取出100条网络入侵检测数据，以"天"作为态势预测的时间尺度，得到100个归一化后的原始安全态势值作为样本集，用此样本集考察模型在时序上态势值的走势情况。并将数据样本分为训练集和测试集，将前74个数据点成为训练集，用于构建模型和方法训练；后26个称为测试集，用于将预测结果和实际结果作对比。实验结果表明，模型的平均相对误差为0.3082，模型的均方根误差为0.7074，均优于对比模型。

第五节
基于 Transformer 模型的异常检测

Transformer模型以其独特的注意力机制而闻名，该机制使模型能够高效地处理和建模序列数据，尤其是长序列数据。这种机制不仅能够捕捉数据中的时间依赖关系，还能同时考虑序列中所有元素之间的相关性，这对于理解复杂的网络流量和用户行为至关重要。在网络安全领域，Transformer及其变体（如改进的注意力机制和多头注意力结构）已经证明了其在处理时间序列数据方面的能力。

AIOps（Artificial Intelligence for IT Operations），即智能运维，是基于已有的运维数据（日志、监控信息、应用信息等），将AI应用于运维领域，来解决自动化运维无法解决的问题。日志异常检测作为AIOps中的一个重要研究方向，旨在通过日志了解系统运行中的异常。由于日志数据的数据量巨大，因此一旦发生日志异常，运维人员需要在大量的日志数据中查找异常，这是一个工作量巨大并非常消耗成本的工作。因此通过将人工智能引入到日志异常检测中可以有效减少运维人员的工作量。

Guo等人基于迁移学习的思想提出了日志异常检测框架TransLog。与现有针对新日志源需要从零开始训练一个新的模型的异常检测方法不同，该框架通过adapter结构中的少量参数以适配新的日志源，使得模型在多个日志源上都能有很好的表现。Translog模型的主要结构是多层transformer encoder。之所以选用多层trans-former encoder结构，一是因为该结构已经被BERT证实可以学习到通用的语言特征，并且可以被不同的下游任务所使用；二是因为在transformer结构中插入adapter进行扩展更加易操作。

Translog框架如图2-10所示，日志异常检测分为pretraining与adapter-basedtuning两个阶段。在pretraining阶段，因为已经对模板进行了语义信息提取，模型会从语义层面学习异常。这一阶段训练时的目标函数是二分类的BCEloss，所有transformer中的参数都会更新，这些参数将会共享至下一阶段中，提供异常的语义知识，并不再更新。在adapter-basedtuning阶段，为了适应目标日志源，将会在transformer中插入adapter，并且在训练过程中仅有adapter中的参数进行更新。由于transformer的参数包含了原日志源中异常的语义信息，同时adapter中具有残差连接结构，adapter中的参数将重点学习目标领域中独有的异常信息。

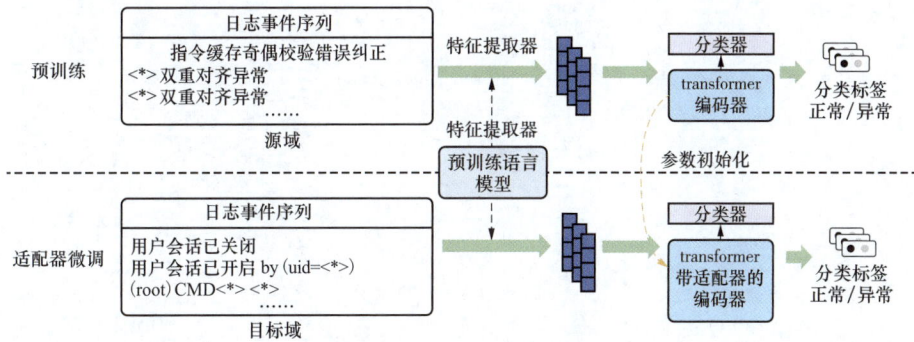

▲ 图 2-10 Trans Log 框架

Trans Log 在 HDFS、BGL 和 Thunderbird 数据集上进行了相关实验，对比算法主要包括 LR、SVM、LogAnomaly、LogRobust 和 Neurallog。实验结果表明，在 HDFS 和 Thunderbird 数据集上，TransLog 达到了 99% 的精确率和 F1 值，这是所有对比算法中的最佳表现。而在 BGL 数据集上，TransLog 同样表现出色，其精确率、召回率和 F1 值均达到了 98%。这些结果证明了 TransLog 在日志异常检测方面的有效性及优越性。

第三章

图神经网络赋能行为异常检测

本章基于图神经网络（GNN）架构，分析静态属性图异常检测模型（如 DOMINANT）、动态图检测框架（如 AddGraph），以及其在恶意代码识别、APT 攻击溯源与实时检测中的实践。

第一节
图神经网络概述

一、图网络

图网络（Graph Network，GN）是一种通用的图处理框架，广泛用于图结构（Graph Structure）数据上进行建模和关系推理（Relational Reasoning）。它由一组函数组成，这些函数用于处理图中的节点、边以及属性，进行信息传递、特征学习和关系推理。图网络框架的核心在于其灵活性，能够适应各种不同的图数据和应用场景。

图网络由相互连接的图网络块（GNblock）组成，也被称为"节点（node）"，节点间的连接被称为"边（edge）"，表示了节点间的依赖关系。图网络中节点和边的性质与图结构相关，根据边的方向可分为有向图（DirectedGraph）和无向图（UndirectedGraph）。图网络的每个节点都有内部状态和系统状态，被称为"属性（attribute）"。Battaglia等人提出的GN架构如图3-1所示，一个图网络被定义为三元组 $G = (u, V, E)$，其中 u 是全局属性，例如 u 可能代表引力场；$V = \{v_i\}_{i=1:N^v}$ 代表节点集合，每个 v_i 代表节点 i 的属性；$E = (e_k, r_k, s_k)_{k=1:N^e}$ 代表边集合，e_k 代表边的属性，r_k 和 s_k 分别代表接收节点与发送节点的索引。

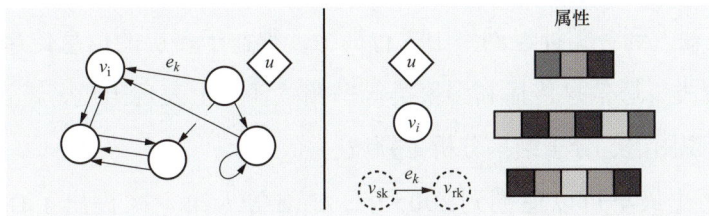

▲ 图3-1 GN 架构

当提供一个图 G 作为图网络块输入到图网络时，计算将从边进行，再到节点，再到全局属性。图 3-2 展示了图网络框架下图网络变更的三种情况：边更新、节点更新、全局更新，其中蓝色表示正在更新的元素，黑色表示更新中涉及的其他元素。这种层次化的计算过程能够有效地捕捉图中的复杂关系。

基于图网络架构，可以实现多层图网络、多图网络和动态图网络。例如，可以将多个图网络块堆叠起来，用于识别图像中的多个对象，并将它们之间的关系连接起来。或者使用一个图来表示人物之间的关系，另一个图来表示地点之间的关系，并将这两个图连接起来，用于分析人物和地点之间的联系。图网络为人工智能提供了一种新的构建模块，它能够有效地处理关系数据，并实现组合泛化。通过灵活的表示、可配置的块内结构以及可组合的多块架构，图网络可以构建出强大的深度学习模型，用于解决各种复杂的任务。

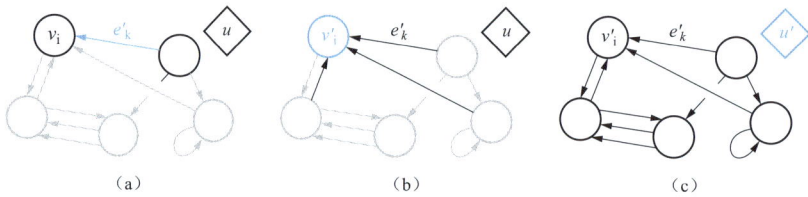

▲ 图 3-2　GN 变更的三种情况

(a) 边更新；(b) 节点更新；(c) 全局更新

二、图神经网络

图神经网络（Graph Neural Network，GNN）是一种利用深度学习技术直接对图结构数据进行建模和学习的框架，能够有效地捕捉和利用节点及其邻居之间的复杂关系。如图 3-3 所示，GNN 网络架构在输入处理上需要将图结构数据转化为规范且标准的表示，以便输入到各类神经网络中进行训练。得益于多层的信息传递和聚合机制，GNN 在节点分类、边信息传播和图聚类等图相关任务上表现出色，广泛应用于社交网络分析、知识图谱、分子结构分析等领域。

GNN 的历史最早可以追溯到 2005 年，Gori 等人第一次提出了 GNN 概念，并基于 RNN 模型处理无向图、有向图、标签图和循环图等。在这之后，Scarselli 等人和Micheli等人继承和发展了该模式的GNN算法，并做了一定程度的改进。早期阶段的GNN主要是以RNN为主体框架，通过简单的特征映射和节点聚集为每个节点生成向量式表达，不能很好地应对现实中复杂多变的图数据。针对此问题，Bruna等人提出将CNN应用到图上，通过对卷积算子巧妙转换，提出了图卷积网络（Graph Convolutional Netwok，GCN），实现了CNN在图上的平移不变、局部感知和权值共享，这一创新为后续GNN框架的构建和改进提供了思想上的指导和借鉴。

此后，各种GNN框架变种如图自编码器（Graph Autoencoder,GAE）、图注意力网络（Graph Attention Net Works，GAT）、时空图神经网络（Spatial-Temporal Graph Neural Networks，STGNN）及连续时空图神经网络（Continues-Time Dynamic Graph Neural Networks，CTDGNN）相继被提出，进一步扩展了GNN的应用范围。GNN的体系族在不断发展和完善，可以大体分为以下六类。

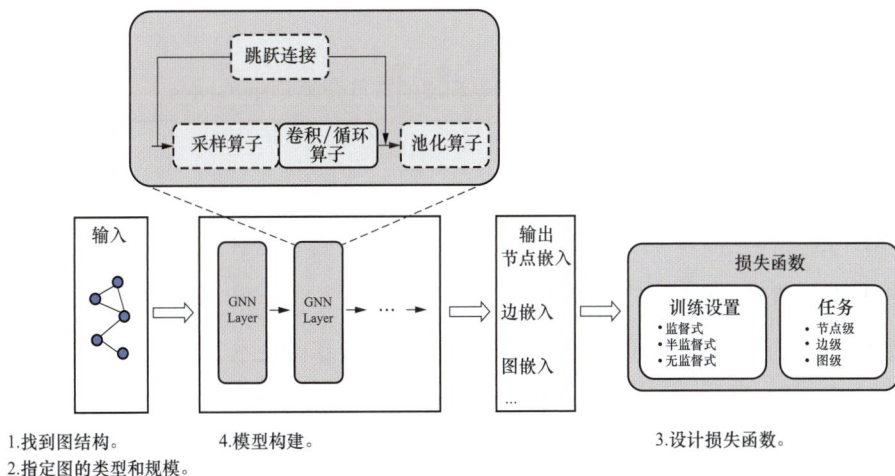

▲ 图 3-3　GNN 网络架构

1. 递归图神经网络（RecGNNs）

RecGNNs是大多数图神经网络模型的先驱。RecGNNs旨在通过递归神经架构学习节点表示，它假设图中的每个节点与其邻居不断交换信息，直到达到稳定的状态。RecGNNs在概念上很重要，启发了后来对ConvGNNs的各类研究，其中基于空间的图卷积神经网络（Spatial-BasedConvGNNs）也继承了其消息传递的思想。

2. 图卷积神经网络（ConvGNNs）

ConvGNNs 的主要思想是通过聚合节点自身的特征和邻居的特征来生成该节点的高级表示，ConvGNNs 在构建许多其他复杂的 ConvGNNs 模型中发挥着核心作用。图 3-4 概括了用于节点分类的 ConvGNNs 框架，通过图卷积层特征聚合之后，对结果输出应用非线性变换。通过堆叠多个层，使得每个节点的最终表示能从更远的邻域接收消息。用于图分类时，图卷积层之后是一个池化层，用于将图粗化为子图，通过粗化图上的节点特征以得到更高的图级表示。随后再经过一个图卷积层和 Readout 层，Readout 层通过获取子图隐藏特征的总和或平均值来计算最终的图表示。

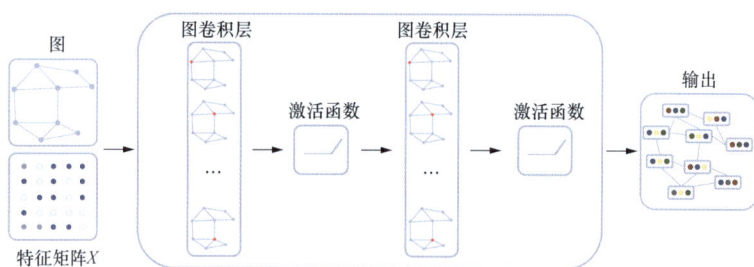

▲ 图 3-4　具有多个图卷积层的节点分类 ConvGNNs

3. 图自动编码器（GAEs）

GAEs 是一种无监督学习框架，它将节点或图编码到潜在向量空间中，并从编码信息中重建图数据。GAEs 用于学习网络嵌入和图形生成分布。对于网络嵌入，GAEs 通过重构图结构信息（例如邻接矩阵）来学习潜在节点表示。对于图的生成，一些方法逐步生成图的节点和边，而另一些方法一次性全部输出图。图 3-5 展示了一个用于网络嵌入的 GAE，其中编码器使用图卷积层为每个节点获取网络嵌入，解码器计算给定网络嵌入的成对距离，GAEs 应用非线性激活函数后，解码器重构图邻接矩阵，最后通过最小化真实邻接矩阵和重构邻接矩阵之间的差异来训练网络。

4. 图注意力网络（GATs）

GATs 利用了注意力机制来提高模型处理图数据的能力。注意力机制是一种资源分配的策略，它能够让模型在处理输入数据时聚焦于信息量最大的部分，而不是平等对待所有输入。对于图中的每个节点，计算它与邻居节点的关联程度，这通常是通过一个可学习的注意力函数来完成的。然后，使用 softmax 等函数对注意力分数进

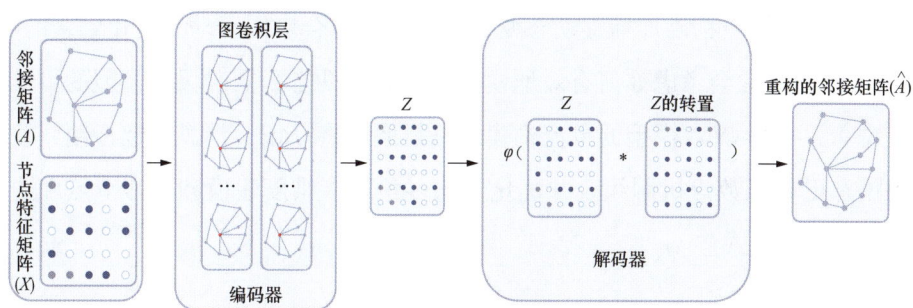

▲ 图 3-5 一种用于网络嵌入的 GAE

行归一化。将归一化后的注意力分数作为权重，对邻居节点的特征进行加权求和，得到每个节点的更新特征表示。

5. 时空图神经网络（STGNNs）

STGNNs旨在从包含时空信息的图中学习隐藏的模式，这对于如网络流量预测和攻击行为识别等时序敏感的应用场景非常重要。STGNNs的关键思想是同时考虑空间依赖和时间依赖，通过集成GCN来捕获空间依赖性，并使用RNN或CNN对时间依赖性进行建模。图3-6概况了STGNNs的框架，在图卷积层之后是1维CNN层；图卷积层对A和$X(t)$进行操作以捕获空间依赖性，而1维-CNN层沿时间轴X滑动以捕获时间依赖性。输出层是一个线性变换，为每个节点生成一个预测，比如它在下一个时间的未来值。

6. 连续时空图神经网络（CTDGNNs）

CTDGNNs是一种专门用于处理连续时空动态图数据的新型图神经网络模型。与基于离散时间快照的STGNNs相比，CTDGNNs使用连续的时间戳来表示实体间的交

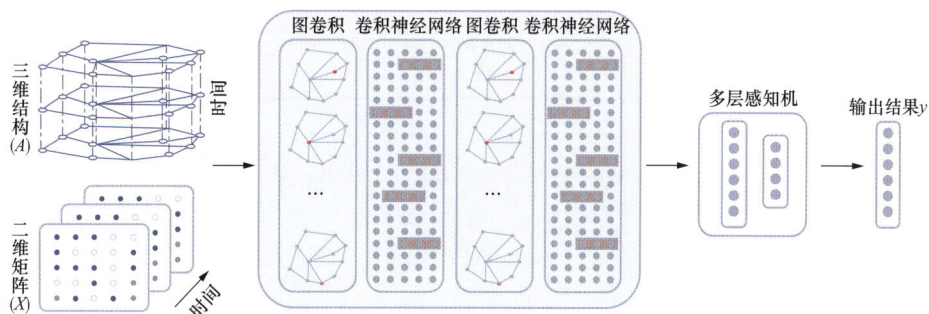

▲ 图 3-6 用于时空图预测的 STGNNs

互关系，从而能够更精确地捕捉动态变化的过程，适合应用于动态变化频繁的场景。CTDGNNs模型通常会考虑如何有效地模拟连续时间动态，同时保持模型的可扩展性和计算效率。CTDGNNs模型的主流构建思路是通过将GAE、消息传递机制、注意力机制和状态更新函数等机制组合并优化，从多角度多维度建模和学习节点和边随时间的交互和发展模式。

第二节
基于属性图的异常检测

属性网络（AttributedNetwork），亦称为属性图（Attributed Graph），是对传统图结构的拓展，即对节点和边赋予属性信息。在现实世界的多种网络中，如电力、通信和交易网络，都能发现属性网络的身影。特别是在网络安全领域，属性图能够提供更深入的节点特征描述和关系分析，帮助系统更有效地理解和处理复杂的网络环境。在网络安全的实践中，属性图常被用来创建攻击者的详细画像。在网络空间的关系映射中，攻击者作为图中的节点，其相关行为特征被作为属性赋予。通过深入分析这些特征的属性、结构和时间序列等多维数据，系统能够更准确地构建攻击者模型，评估其威胁评分并进行高效研判。

在基于属性图构建攻击者画像时，需要对属性、节点和边的概念有明确的理解。在攻击者场景中，节点可代表攻击者（或其IP）和受害者（或其IP）。在终端日志场景下，节点还可代表进程、文件和服务等因素。节点属性的作用在于详细描绘攻击者的特征，包括IP地址、是否为外部IP、所属网络段落、相关端口以及多项统计指标。边属性则描述了攻击者对受害者实施的攻击行为，如攻击手段，攻击目的和交互端口等多项指标。

在网络安全的实际应用中，企业安全设备收集的数据是实时的，因此有必要构建一个动态演化图来展现这些数据的变化。时序数据的处理需要从时间的角度进行考量，这对属性图的异常检测构成了挑战。属性图的异常检测可以分为静态和动态两种方法：静态检测主要观察某一时刻的数据，而动态检测则关注图结构和属性随时间的变化情况。

本节将介绍静态属性图异常检测的两个经典模型，一个是针对无向属性图的异常检测模型DOMINANT，另一个是针对有向属性图的异常检测模型Anomaly-DAE。

关于动态属性图异常检测同样介绍两个模型：基于注意力机制的动态图异常检测模型 AddGraph 和适用于动态演化属性图的异常检测模型 AMAD。

一、静态属性图异常检测

1. 面向无向图的异常检测模型

大量研究表明，原始数据与估计数据之间的差异（即重构误差）可以在一定程度上反映数据集中的异常实例。具体来说，具有较大重构误差的数据实例更有可能被认为是异常，因为它们的模式明显偏离大多数情况，无法从观测数据准确地重构。在各种基于重构的异常检测算法中，深度自编码器具有最好的性能。深度自编码器是一种深度神经网络，通过将多层编码和解码函数堆叠在一起，以一种无监督方式学习数据的潜在表示。

深度自编码器的形式化描述可以表示为给定一个输入数据集 X，通过编码函数 $Enc()$ 把数据映射到低维特征空间中，然后利用解压函数 $Dec()$ 根据特征空间的表示重构原始数据。整个学习过程可看成对式（3-1）中代码函数的学习。通过深度自编码器的编码和解码，应用多层线性单元和激活函数来捕捉高维输入数据的非线性信息。

深度自编码器具有深度学习的特性，因此在异常检测方面要明显优于传统的浅层学习方法。

$$\min \mathbb{E} \Big[dist \big(X, Dec \big(Enc \big(X \big) \big) \big) \Big] \tag{3-1}$$

在此基础上，Ding 等人提出了一种经典的属性图异常检测框架 DOMINANT，其整体流程如图 3-7 所示，主要模块是深度自编码器，其中 GCN 和自编码器之间的协同作用使它够结合图结构和属性表示，测量节点的重构误差以发现异常。DOMINANT 模型由属性网络编码器、拓扑结构重构解码器和属性重构解码器三部分组成。各模块详细介绍如下。

（1）属性网络编码器。实现对节点属性和网络拓扑结构的无缝建模，然后利用 GCN 学习得到节点的嵌入向量表示。

（2）结构重构解码器。基于节点的嵌入向量表示，重构网络的拓扑结构，通过链接预测层预测每对节点之间是否存在链接，从而重建邻接矩阵。

（3）属性重构编码器。基于节点的嵌入向量表示，重构属性网络中节点的属性，通过另一个图卷积层来预测节点属性，并生成重建属性矩阵。

DOMINANT在三个真实世界的属性网络数据集上进行了实验，并与多种基线模型进行了比较，包括LOF（基于局部密度的异常检测模型，只考虑节点属性）和SCAN（基于结构的异常检测模型，只考虑网络结构）。DOMINANT在所有数据集上的AUC分数都优于其他基线方法。这表明DOMINANT能够有效地利用深度学习模型来处理属性网络的复杂性和非线性，从而提高异常检测的性能。在排名异常节点方面DOMINANT表现出更强的能力，能够在有限的排名列表中找到更多真正的异常节点。

2. 面向有向图的异常检测模型

在属性图网络中，除了节点的嵌入向量表示，在网络结构与节点属性之间还存在复杂的模态交互逻辑。捕获并学习这种交互逻辑对于实现高质量的嵌入表示具有重要意义。因此，Fan等人在DOMINANT工作上进一步改进，提出了面向有向属性图的异常检测模型AnomalyDAE。如图3-8所示，AnomalyDAE是一个端到端的联合表示学习模型，包含两个主要组件：结构自编码器用于网络结构重建，学习节点的嵌入表示；属性自编码器用于节点属性重建，学习属性的嵌入表示。该模型将节点嵌入表示和属性嵌入表示作为输入，在训练过程中，结构解码器和属性解码器协同工作，以捕获网络结构和节点属性之间的复杂交互。最后，利用网络结构和节点属性计算的重构误差来度量属性网络中的异常。

（1）结构自编码器。为了获得有代表性的高水平节点特征表示，结构自编码器首先把观察到的原始节点属性 X 转换成低维潜在空间的向量表示 $\tilde{Z}^v$，再通过共享注意力机制来聚合所有邻节点的嵌入表示，最后由结构解码器解码并重建原始网络结构 $\tilde{A}$。

（2）属性自编码器。在属性编码器中，使用两个非线性特征变换层将观测到的属性数据映射成潜在的属性嵌入表示 $\tilde{Z}^A$。最后，由属性解码器将 $\tilde{Z}^v$ 和 $\tilde{Z}^A$ 作为输入，对原始节点属性进行解码得到 $\tilde{X}$。此过程中捕获了网络结构和节点属性之间的相互作用。

（3）损失函数。AnomalyDAE的目标函数是最小化网络结构与属性的重构误差，见表达式（3-2）。其中，a 是控制结构重构误差和属性重构误差的权值，$\odot$ 是Hadamard积，θ 和 η 的定义如式（3-3）所示。

$$\mathcal{L}_{rec} = \alpha \left\| \left(A - \tilde{A} \right) \odot \theta \right\|_F^2 + (1-\alpha) \left\| \left(X - \tilde{X} \right) \odot \eta \right\|_F^2 \tag{3-2}$$

$$\theta_{i,j} = \begin{cases} 1 & \text{if} A_{ij} = 0 \\ \theta & \text{otherwise} \end{cases}, \quad \eta_{i,j} = \begin{cases} 1 & \text{if} X_{ij} = 0 \\ \eta & \text{otherwise} \end{cases} \tag{3-3}$$

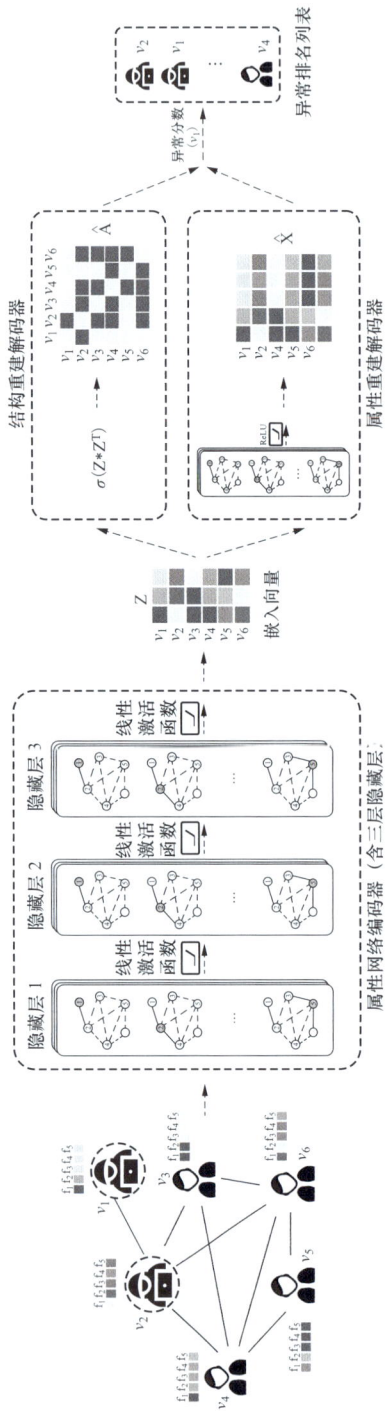

▲ 图 3-7 DOMINANT 模型架构

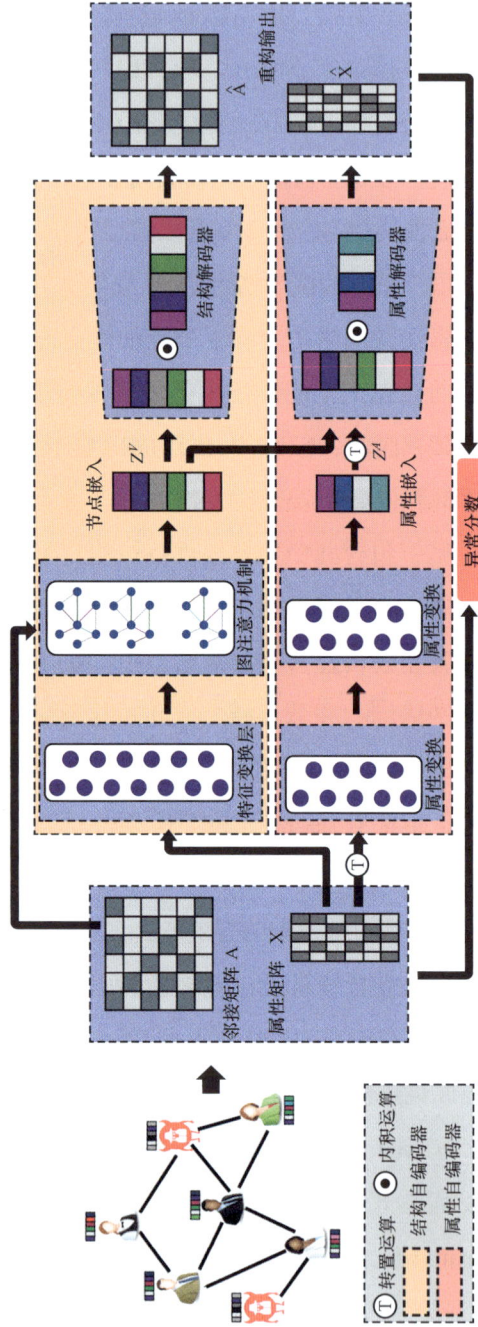

▲ 图 3-8 AnomalyDAE 模型架构

（4）异常检测。异常节点是指那些在结构和属性上严重偏离其他节点的节点。因此，可以通过节点 v_i 网络结构与属性的重构误差来衡量异常得分，并根据分数的分布来确定异常节点。

与传统异常检测方法相比，AnomalyDAE 能够同时考虑网络结构和节点属性，从而更有效地捕捉异常模式。与 DOMINANT 等基于 GCN 的模型相比，AnomalyDAE 通过使用两个独立的编码器分别学习节点嵌入和属性嵌入，能够更好地捕捉网络结构和节点属性之间的复杂相互作用，且能够良好地适配有向图场景。AnomalyDAE 在多个真实数据集上进行了广泛的实验，并与现有的最先进模型进行了比较。其中，在 BlogCatalog 数据集上，AnomalyDAE 的 AUC 分数比 LOF 高 48.66%，比 SCAN 高 70.54%，比 AMEN 高 44.44%。

二、动态属性图异常检测

1. 基于注意力机制的动态图异常检测模型

动态图中的异常节点具有高度灵活性，它们可能在大部分时间中表现出正常行为，以隐藏它们长期的间歇性异常行为，增加了检测的难度。因此，模型应该结合所有可用的线索，如结构、时间和内容特征来学习异常模式。另外，标记数据不足，随着时间的推移，标记的异常数据最终会与正常数据混合。这说明显示标记的数据可能不具有代表性，若以监督学习的方式训练一个动态图异常检测模型，其准确度可能会因此受限。

AddGraph 是一个通用的端到端异常检测模型，基于时间扩展的 GCN 和注意机制，它能够捕捉动态图中的长期模式和短期模式。AddGraph 的模型架构如图 3-9 所示，其核心思想是在训练阶段使用快照（过去时间段内数据构建的图）中所有可能的特征，包括结构、内容和时序特征，建立一个能够描述正常边的框架。基于该框架可以进一步细化并用于测量后续快照中的异常边。针对标记异常数据不足及缺乏代表性的问题，AddGraph 受知识图谱嵌入技术的启发，在检测异常边训练中引入了一种选择性负采样策略和边际损失策略。假设在训练阶段的数据均是正常的。对于每一个边，生成一个负采样作为异常边，利用伯努利分布来进行采样。

AddGraph 通过考虑节点的结构和内容特征，利用 GCN 来处理边在当前快照下的先前节点状态。随后，利用上下文相关的注意力模型将短窗口的节点状态信息归纳为短信息。最后，将GCN和短信息的输出输入到GRU中，得到节点在一个新时间戳下的隐藏状态。利用节点在每个时间戳处的隐藏状态来计算一条现有边和一条负采样边的异常概率，然后反馈到边际损失中。

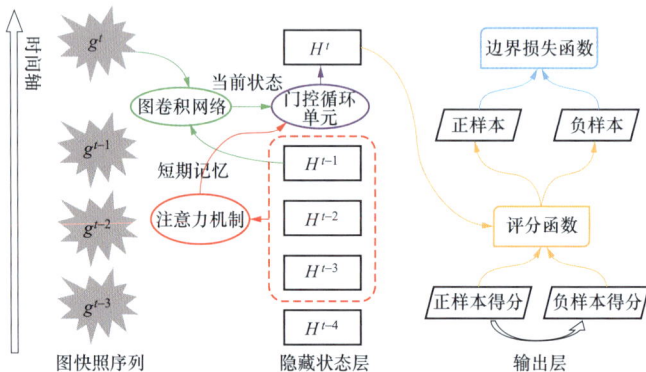

▲ 图 3-9　AddGraph 模型架构

若已知节点在t时间的隐藏状态。对于任意边，在中查找第i个节点与第j个节点之间的嵌入表示。叵以根据式（3-4）计算边的异常得分。其中，h_i和h_j分别表示第i个节点与第j个节点的隐藏状态。σ表示$sigmoid$函数。a和b表示优化输出层的参数，β和μ是得分函数的超参数。

$$f(i, j, w) = \omega \cdot \sigma\left(\beta \cdot \|a \odot h_i + b \odot h_j\|_2^2 - \mu\right) \tag{3-4}$$

AddGraph在UCIMessage和Digg两个真实世界数据集上进行了实验，并与CM-Sketch和NetWalk等方法进行了比较。实验结果表明，无论是在静态图还是在动态图上，AddGraph都取得了显著的性能提升。例如，在UCIMessage数据集上，AddGraph的AUC值比其他方法高出2%到6%不等；在Digg数据集上，AddGraph的AUC值比其他方法高出5%到10%不等。这些结果表明，AddGraph在异常检测任务中具有更强的能力。

2. 适用于动态演化图的异常检测模型

时序演化的动态图中存在一些对检测结果有不利影响的属性噪声，大部分属性图异常检测方法却没有考虑这个潜在的演化机制。尽管动态属性图异常检测有很多的应用场景，但仍面临两个主要挑战：①由于网络结构与节点属性会随着时间变化而变化，异常节点也会随之发生变化，因此需要不断在线更新模型实现有效的异常检测；②网络结构和节点属性的小的扰动可能会对属性网络的派生模式产生涟漪效应，表征属性网络底层演化机制成为准确检测异常节点的关键。

针对上述挑战，AMAD 探索了一种原则性的方法来描述动态属性图的演化模式，并以在线方式检测异常。其核心思想是在时间平滑的假设下利用两个连续时间戳之间小的扰动来表征动态属性图的演化特征，基于前一时刻的结果进行增量更新来保证异常检测的新鲜度。此外，特征选择的完备性确保了 AMAD 在面对数据中的噪声特征时，仍能保持鲁棒性和准确性。

AMAD 框架工作流程如图 3-10 所示，假设在时刻 t 时得到了其表示异常的残差矩阵 R_t，随着新的观测结果到来，可以得到演化属性矩阵 ΔX 和邻接矩阵 ΔA。随后，利用上述矩阵和矩阵分解过程计算演化残差矩阵 ΔR，最后通过相加 R_t 和 ΔR 得到残差矩阵 R_{t+1}。类似地，可以用这种方式逐步更新后续的残差矩阵，其本质是在前一时刻图的基础上通过增量表示来描述下一时刻的图，其中异常表现为相邻两个时刻图中向量表示的差异。

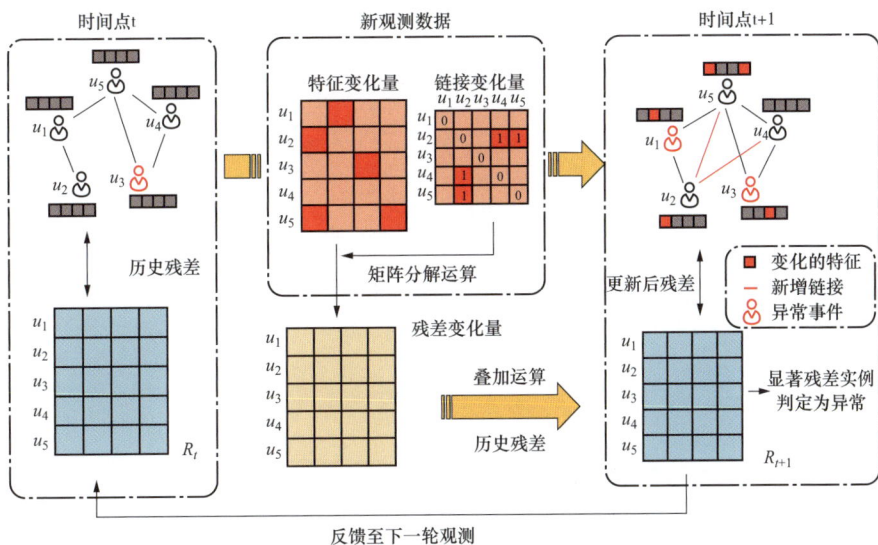

▲ 图 3-10 AMAD 框架工作流程

通过在合成数据集和真实数据集上进行实验，并与 LOF、Radar、ANOMA-LOUS、DOMINANT 等模型进行对比，AMAD 在大多数时间戳上取得了最高的 AUC 值。

例如，在合成数据集上，AMAD在所有时间戳上的AUC值均超过0.9，而其他方法的AUC值大多在0.8左右。在真实数据集上，AMAD在Congress数据集上的AUC值达到了0.95，而其他方法的AUC值大多在0.85左右。这进一步证明了AMAD能够捕捉属性网络的演化模式，并选择与异常检测最相关的属性，从而在动态环境下保持检测结果的时效性和准确性。

第三节
基于图结构的恶意代码检测

恶意代码检测是一种安全措施，它涉及对计算机程序或数据进行分析，以确定它们是否包含可能损害计算机功能、泄露敏感信息或违反用户隐私的恶意代码。传统的恶意代码检测方法如提取二进制签名、静态代码分析和动态代码分析等，均存在不同的局限性，如签名数量爆炸式增长、代码混淆、效率低下、环境依赖等。基于图结构的恶意代码检测是一种利用图论和图神经网络技术来识别和分析恶意软件的方法。其核心思想是将恶意代码（如二进制文件、汇编代码等）转化为图结构的形式，如控制流图（ControlFlowGraph，CFG）和调用图（CallGraph，CG）等。基于图结构能够更好地捕捉代码中的复杂关系和结构特征，进而用于检测和分类恶意行为，并且不需要实际执行代码。

一、基于图分类的恶意代码检测方法

将恶意软件二进制文件可视化为灰度图像后，Nataraj 等人观察到属于同一家族的软件图像在布局和纹理上看起来非常相似。受这种视觉相似性的启发，2011 年，Nataraj 等人提出了一种使用图像处理技术对恶意软件进行可视化和分类的简单而有效的方法 MalwareImages。它将二进制程序文件转化为图像，然后用图像识别方法对其进行分类和识别，该方法既不需要反汇编也不需要代码执行。

首先，将给定的恶意软件二进制文件读取为 8 位无符号整数的向量，组织成二维数组并可视化为[0,255]范围内的灰度图像（0：黑色，255：白色）。图像的宽度是固定的，高度允许根据文件大小而变化，如图 3–11 所示。然后，使用 GIST 特征描述图像的纹理信息，基于 GIST 特征通过小波分解图像，并使用可旋转金字塔提取图像局部特征，最后计算局部特征的均值和幅度，形成一个特征向量。最后，MalwareImages使用基于欧式距离的KNN算法来实现分类。

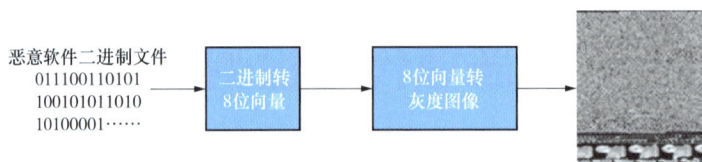

恶意软件二进制文件
011100110101
100101011010
10100001……

二进制转8位向量 → 8位向量转灰度图像 →

▲ 图3-11 恶意软件的可视化

MalwareImages在包含25个不同恶意软件家族的9458个样本的恶意软件数据库上进行了初步实验，结果显示该方法的分类准确率为98%。同时，其基于图像纹理特征的检测思想对流行的混淆技术（例如部分加密）表现出了一定的鲁棒性。MalwareImages将恶意软件检测转变为图分类问题的新颖思路为该领域带来了新的研究视角和技术挑战，推动了该领域向更深层次和更广泛的应用发展。

二、基于图相似性度的恶意代码检测模型

相比于图分类方法，图相似度学习可以捕捉恶意软件之间的细微差异，例如代码结构和语义信息等，能更准确地识别具有相似功能的恶意软件，并泛化到未出现的恶意软件类别，实现零样本恶意软件检测。二进制函数相似性搜索（Binary Function Similarity Search）是计算机安全中的一个重要问题。当源代码无法访问时，就需要分析和搜索二进制文件，例如在处理商业或嵌入式软件或可疑的可执行程序。如图3-12所示，左边的两个CFG对应于用不同编译器编译的相同函数（因此相似），而右边的图对应的是不同的函数。

然而，图结构数据通常包含节点和边的复杂关系，这使得相似性学习变得更加困难，即使两个图结构在结构上相似，它们的语义信息也可能不同。此外，对于包含大量图的数据库，检索相似图需要高效的方法。针对这些问题，Li等人提出两种图的相似性计算方法：一种是基于GNN传统的图嵌入模型（Graph Embedding Models），另一种是基于跨图注意力机制的图匹配网络模型（Graph Matching Networks，GMN）。图3-13中对比了图嵌入模型与图匹配网络模型之间的区别，在节点特征传播过程中

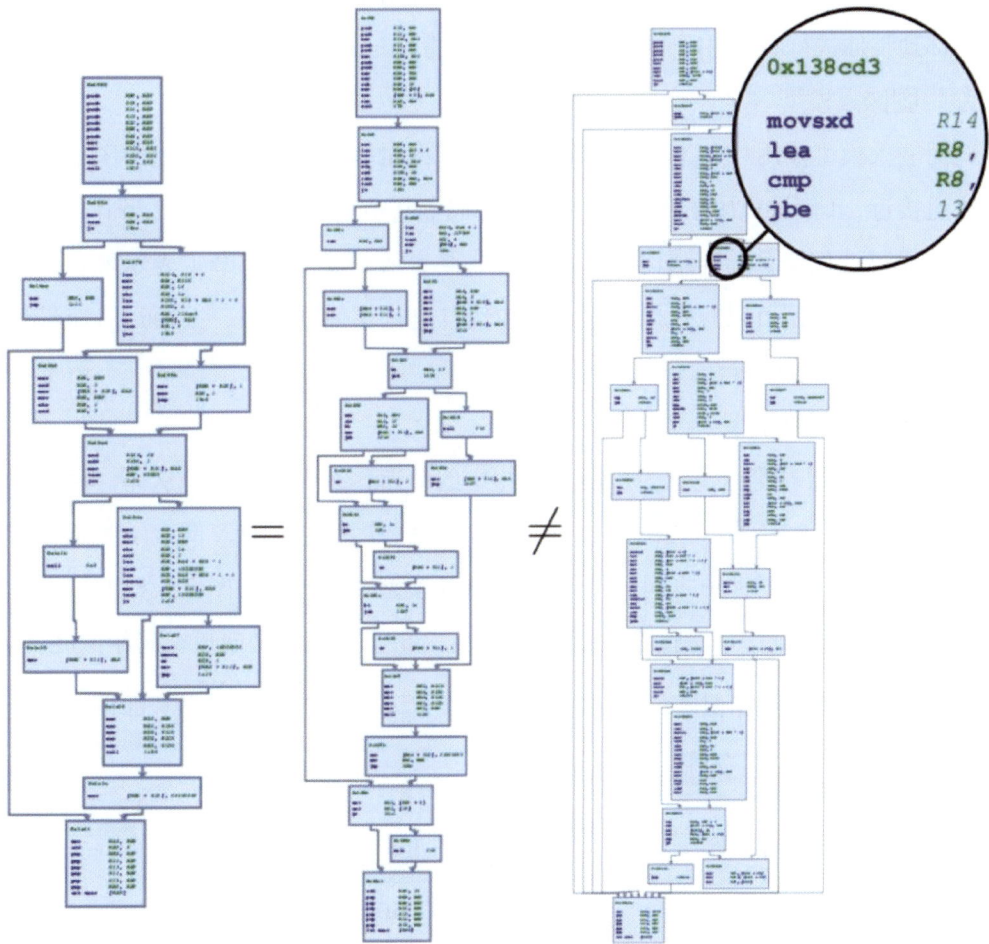

▲ 图 3-12 基于 CFG 的二进制函数相似性搜索

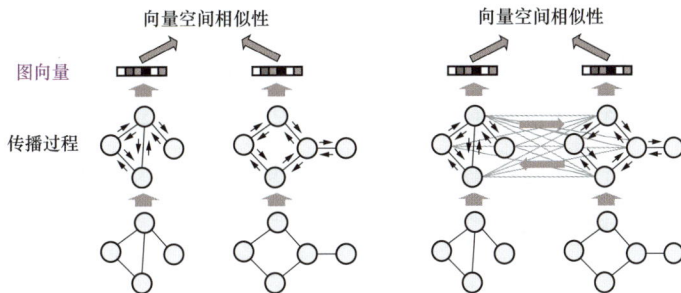

▲ 图 3-13 图嵌入模型与图匹配网络模型的对比

图匹配网络模型使用了两图之间的交叉信息，有助于学习图对之间节点的关系，并从局部到整体进行图对之间的相似度信息的传播。

1. 图嵌入模型

图嵌入模型使用GNN将图结构数据嵌入到向量空间中，使得相似的图在向量空间中更接近，而不相似的图则更远。通过编码器将节点和边的特征映射到向量空间，传播层通过迭代聚合局部结构信息来更新节点表示，聚合器将节点表示聚合到一个图级表示。该模型可以有效地利用图结构信息进行相似性学习，并通过快速最近邻搜索结构进行高效检索。

2. 图匹配网络模型

GMN模型通过跨图注意力机制关联图中的节点，并识别差异，从而计算图之间的相似度分数。GMN模型比图嵌入模型效果更好，因为它在计算图表示时依赖于图对，从而能更好地捕捉图之间的相似性。GMN模型的编码层与图嵌入模型一致，在传播层则增加了注意力机制，见注意力公式（3-5）。其中s_h是向量空间相似度度量，类似欧几里得或余弦相似度，$a_{j \to i}$是注意权值。因此，通过计算$\sum_j \mu_{j \to i}$即可直观地测量$\mathbf{h}_i^{(t)}$和另一个图中最近邻居之间的差异。

$$
\begin{aligned}
a_{j \to i} &= \frac{\exp\left[s_h\left(\mathbf{h}_i^{(t)}, \mathbf{h}_j^{(t)}\right)\right]}{\sum_{j'} \exp\left[s_h\left(\mathbf{h}_i^{(t)}, \mathbf{h}_{j'}^{(t)}\right)\right]}, \\
\mu_{j \to i} &= a_{j \to i}\left[\mathbf{h}_i^{(t)} - \mathbf{h}_j^{(t)}\right]
\end{aligned}
\tag{3-5}
$$

实验结果表明，GMN模型在多个任务上均优于图嵌入模型和其他基线方法。在基于控制流图的二进制函数相似性搜索任务中，GMN在ffmpeg软件的CFG数据集上表现出色，优于Google开源的函数相似性搜索工具和Weisfeiler-Lehman(WL)核函数。GMN在所有设置下均取得了超过99%的AUC，而Google工具的最高AUC为96.35%。此外，GMN在其他网格数据集上也取得了良好的效果。这表明GMN能够有效地学习图的结构和语义信息，并通过跨图注意力机制进行更准确的相似性计算，为图相似性学习提供了新的思路和方法。

第四节
基于图的 APT 攻击检测

在当今国际形势日益动荡的时代，电力网络等关键基础设施的安全性受到了前所未有的关注。高级持续性威胁（Advanced Persistent Threat，APT）对国家安全、经济稳定和公民隐私造成了严重影响。APT的特点是隐蔽性强、持续时间长，并且通常利用零日漏洞（0-day vulner ability）及渐进式的组合攻击来规避传统的安全防御系统。尽管传统的安全防御策略和系统，为网络系统提供了重要的安全防护层，如端点检测与响应（Endpoint Detectionand Response，EDR）工具。但它们在面对APT时往往难以解决以下主要问题。

（1）如何从海量的系统事件中有效识别真正的威胁，避免误报警报。

（2）如何在攻击者利用长时间跨度的攻击策略时，持续分析其行为模式和意图。针对这些挑战，基于图的APT攻击检测方法受到越来越多的关注，因为其可以从整体上理解网络的结构和动态行为，更好地识别出APT攻击的整体模式和意图。

一、面向 EDR 的战术源头分析系统

现有的EDR工具存在两个主要问题：①EDR工具会产生大量的虚假警报，从而为分析人员积压了调查任务；②由于日志占用巨大资源，系统日志通常在进行调查之前就被删除。针对上述不足，Hassan等人提出了战术源图（Tactical Provenance Graphs，TPGs）的概念，并研发了RapSheet系统，能够直接推理EDR系统中威胁警报之间的因果关系。该系统基于TPG中威胁警报之间的时间顺序来评估风险，解决EDR的虚假警报问题。同时，提出了一种新颖的日志瘦身方案，通过维护一个最低限度的骨架图，以提供现在和未来威胁预警之间的可链接性，将长期存储日志的负

担减少87%，大大提升了工作效率。RapSheet的系统框架如图3-14所示，其详细设计分为以下三个部分。

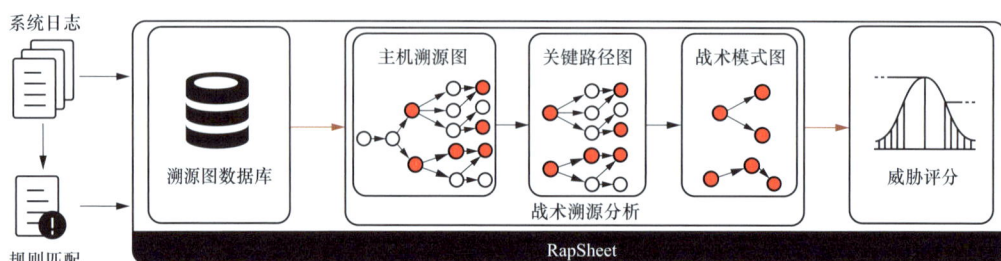

▲ 图 3-14　RapSheet 系统框架

1. 建立战术源图

首先通过 EDR 工具与 MITREATT&CK 知识库进行规则匹配，识别出匹配 MITRE 技术的日志事件，并将其视为潜在威胁警报。接着，它构建一个完整系统的源图数据库，包含进程和对象节点以及描述因果关系的边。然后，RapSheet 从源图中提取初始感染点(Initial Infection Point，IIP)节点，即第一个触发威胁警报的节点，并生成以该节点为根的子图，称为 IIP 图。如图 3-15(a) 所示，是基于 APT3 攻击场景构建的 IIP 图，展示了攻击行为的 IIP 与 MITRE,sATT&CK 相关的威胁警报。然后，RapSheet 对 IIP 图进行遍历，识别出所有与 IIP 节点相关的威胁警报，并建立它们之间的时间顺序关系，形成 TPG。最后，对 TPG 进行可读性处理，例如合并具有相同技术的多个警报事件，以更简洁的方式呈现攻击的各个阶段。如图 3-15(b) 所示，是基于 APT3 攻击场景构建的 TPG，展示了攻击行为的时间顺序和因果关系。

2. 威胁评分

RapSheet 通过结合各个警报的风险评分，采用了一种计分机制。对于每个警报事件，确定该事件在 MITREATT&CK 知识库中对应的技术 technique，并获取其风险评分。计算单个警报评分如公式（3-6）所示，其中 severity Score 为严重程度评分，Likelihood Score 为攻击可能性评分。对于 IIP 图和 TPG，使用动态规划或其他算法查找 TPG 中与 MITREATT&CK 中定义的战术杀伤链时序匹配的最长子序列，将子序列中每个警报事件的评分相乘，得到子序列的评分。如果存在多个最长的子序列，则选择最高总体分数作为最终威胁评分。

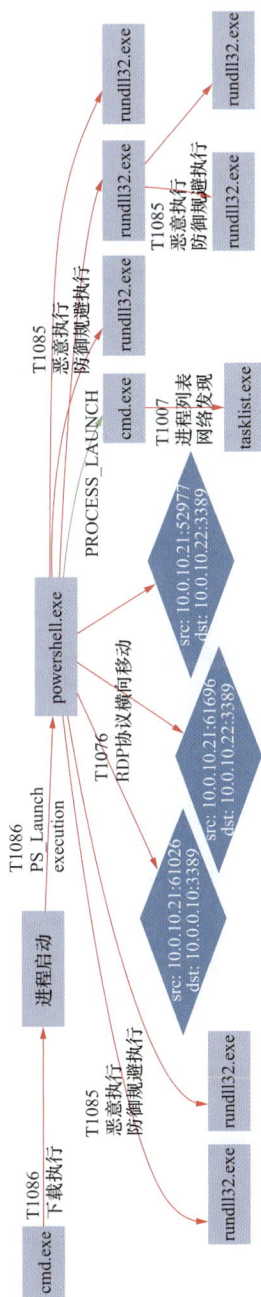

(a)

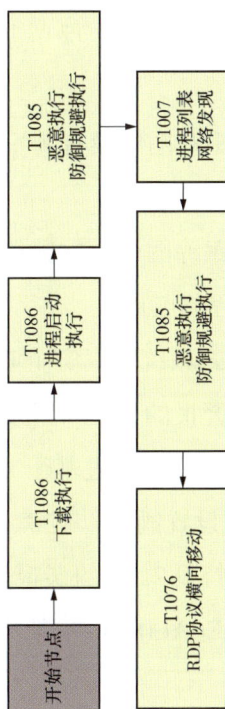

(b)

▲ 图 3-15　APT3 攻击场景

$$TS(\text{technique}) = (2 \times \text{Severity Score}) + \text{Likelihood Score} \qquad (3-6)$$

对于 IIP 图和 TPG，使用动态规划或其他算法查找 TPG 中与 MITREATT&CK 中定义的战术杀伤链时序匹配的最长子序列，将子序列中每个警报事件的评分相乘，得到子序列的评分。如果存在多个最长的子序列，则选择最高总体分数作为最终威胁评分。

3. 起源图简化

起源图简化主要依赖于骨架图 (SkeletonGraph)。骨架图通过删除部分系统事件，保留因果链接，从而减小日志存储空间，同时不影响威胁警报的关联和后续分析。提出以下两个规则，以在保留基于 TPG 的警报相关性的任何时间修剪起源图。

（1）如果 O 的向后跟踪图中没有警报事件，且没有直接连接到 O 的警报事件边，删除对象节点 O。

（2）如果 P 的向后跟踪图中没有警报事件，且没有直接连接到 P 的警报事件边，或 P 被终止，则删除进程节点 P。

实验评估了 RapSheet 系统在真实企业环境中的有效性，使用了包含约 4000 万系统事件和 58096 个威胁警报的 34 台主机数据集。实验结果表明，RapSheet 能够有效地将警报关联并生成 TPG，并通过基于 TPG 的威胁评分算法将真实攻击 TPG 的评分显著高于误报 TPG。当设置阈值以捕获 100% 真实攻击 TPG 时，RapSheet 可以去除 97.8% 的误报 TPG，保持仅 2.2% 的误报率。最后，通过分析真实攻击案例 APT3 和 APT29，以及基于 MITRECALDERA 框架构建的定制攻击，验证了 RapSheet 的有效性。

二、基于溯源图的 APT 实时检测器

APT 攻击利用缓慢持续的攻击模式以及 0-day 漏洞的高级特性，使其难以被预定义的安全规则或静态模型检出，如 MITREATT&CK 和 FRAP puccino 等。因此，防御 APT 攻击需要一种能够理解长期系统行为、识别处理长期攻击且更智能和自动化的异常检测方案。针对这个挑战，Han 等人基于数据溯源（Data Provenance）提出了一种基于溯源图的 APT 实时检测器，称为 UNICORN。它在建模至检测过程中针对 APT 的独有特性进行了设计，实现了增量式更新检测模型，利用高效的图分析方法结合溯

源图丰富的上下文语义和历史信息，能在预定义安全规则的情况下识别隐蔽的异常行为。同时，通过一种图概要（Graph Sketching）技术，高效地存储和分析溯源图，从而支持实时监控和检测。图3-16所示是UNIOCORN的工作流程，其各部分流程如下。

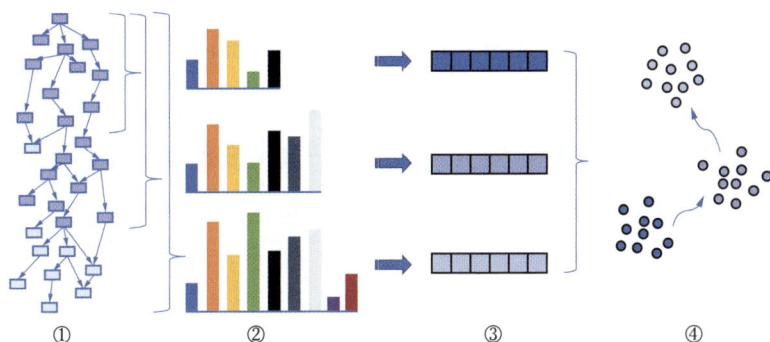

▲ 图 3-16 UNIOCORN 工作流程图

1. 输入数据溯源图

由Cam Flow（一种系统数据源捕获系统）生成具有偏序关系的DAG溯源图，其中边含有属性信息，能实现有效的流式计算和完整的上下文分析。

2. 构建图直方图

采用快速的Weisfeiler-Lehman（WL）子树图核算法来构建图直方图。直方图表示了系统执行的历史，若有新边产生则实时更新直方图的计数。通过迭代探索大规模图的近邻关系，即可以发在上下文中各系统实体的因果关系。具体来说，图直方图将图结构分解为多个子结构，每个子结构都包含一组标签，这些标签描述了该子结构中节点和边的属性以及边的时间顺序。

3. 生成图摘要

定期计算固定大小的概要图（Graph Sketch）。采用相似性保留哈希技术将直方图转换成概要图，保存了两个直方图之间的标准Jaccard相似性，用于后续图聚类分析时近似直方图。概要图大小恒定并支持增量维护，因此系统不需要将整个溯源图都保存在内存中。

4. 学习演化模型

利用流处理能力生成一个动态演化模型。在训练期间构建了一系列按时间顺序排列的概要图，使用K-medoids算法和轮廓系数来确定最佳的聚类数量，并将这些概要图聚类为系统执行的"元状态"。然后，使用这些聚类的时间顺序和每个聚类的统计信息（例如直径、中值）来构建系统演化的模型。

在系统运行时，UNICORN仍然会定期创建概要图，并将它们与训练期间学习到的所有子模型进行比较。如果一个草图与现有聚类不匹配，或者聚类之间存在无效的转换，则认为该概要图是异常的。实验使用了YouTube、Gmail等公开数据集，以及新颖的SC-1和SC-2供应链攻击数据集。对UNICORN与Stream Spot进行了比较，UNICORN在检测性能方面显著优于Stream Spot，其精度和准确率分别提高了24%和30%。UNICORN能够有效地检测各种APT攻击，包括真实APT攻击场景，并具有较低的误报率。

三、基于连续时间动态图的 CMA 检测方法

由于APT攻击和多步复杂攻击（Complex Multi-step Cyber-attack，CMA）等未知威胁造成的严重损害，研究者和工程师们一直在寻找有效的检测方法。GNN因其能够学习网络实体之间的复杂交互模式而备受关注。然而，现有的GNN方法主要基于离散的图快照，可能丢失重要事件，导致检测效果不佳。若使用全图检测方法则需要大量内存，且结果缺乏上下文信息。

针对上述挑战，Yang等人提出了连续时间动态图（Continuous-time Dynamic Graph，CTDG）的概念，并设计了一种基于时序图网络的复杂多步攻击检测和防御方法RShield。该方法的核心思想是CTDG将网络表示为一系列时间戳事件，而不是离散的图快照，并基于时序图网络（Temporal Graph Network，TGN）模型计算节点嵌入，捕捉节点随时间变化的特征。此外，CTDG的构图方式以及归纳式训练方法，使得模型无需大量内存即可支持流式分析，满足了现实生产环境中攻击检测的轻量化和实时性要求。图3-17展示了RShield系统的总体流程，其中虚线将系统分为离线训练和在线检测两个阶段。

1. 离线训练阶段

（1）日志预处理：从历史日志记录中提取用户和实体的交互行为，并构建CTDG（见图3-18）。

Offline training

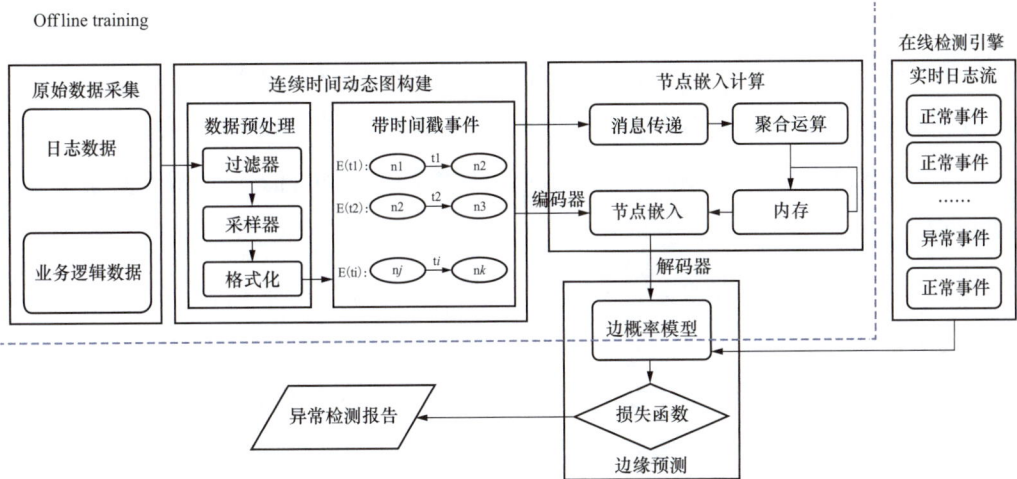

▲ 图 3-17　RShield 系统总体流程图

```
t1,U220@C625,U220@625,Negotiate,Batch,LogOff,Success
t1,U129@C660,SYSTEM@C654,Negotiate,Service,LogOn,Success
t2,U220@C625,SYSTEM@C654,Negotiate,Service,LogOn,Success
```

（a）

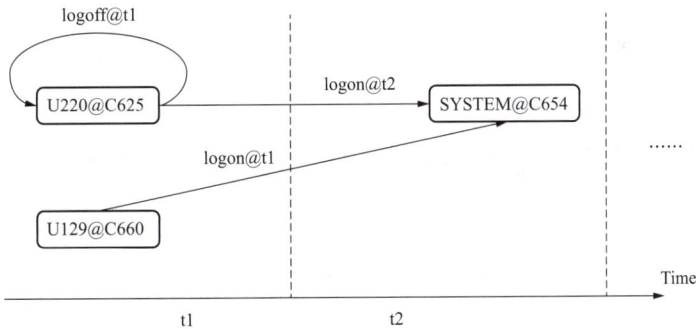

（b）

（a）认证事件样本；（b）认证事件时序图

▲ 图 3-18　身份认证事件构建 CTDG

（2）模型训练：使用基于节点嵌入的TGN算法对CTDG进行训练，学习节点嵌入表示。

（3）模型评估：使用验证集评估模型性能，并进行参数调整。

2. 在线检测阶段：

（1）实时事件处理：对实时网络事件进行预处理，并构建CTDG。

（2）节点嵌入计算：使用训练好的TGN模型计算实时事件的节点嵌入。

（3）异常边缘检测：基于节点嵌入的特征差异，预测CTDG中的异常边缘，从而识别复杂多步攻击。

CTDG的构建规则遵循"主体—操作@时间—对象"的模式，能够很好地捕捉日志记录中隐含的交互信息，并以更细粒度的方式追溯异常事件。图3-18展示了RShield系统中CTDG构建过程的一个示例，其中图3-18(a)展示了一组身份验证事件的日志记录，从左至右包含时间戳、源节点标识符、目标节点标识符、认证类型、登录类型、认证方向、成功/失败标志。将其转换为CTDG，如图3.18（b）所示，每个事件包含源节点、目标节点、时间戳、异常标签、节点特征和边特征等信息。将事件按照时间顺序排列，形成CTDG。

实验结果表明，得益于CTDG在捕捉事件之间的关联性和时序信息的优势，与Tiresias等监督学习方法相比，RShield在较少的训练样本下即可达到较高的检测性能。具体来说，在CERT数据集上，RShield的AUC值比Tiresias高141%和154%，比Log2vec高1.1%和6.5%。此外，在电力系统调度运行管理系统中，RShield成功检测到一些异常事件，例如员工可疑操作和服务器漏洞利用，证明了其实际应用价值。

四、基于异质图时空上下文语义嵌入的 APT 检测模型

异质图是一种能够表示多种类型节点和边以及它们之间关系的图结构。网络中存在多种类型的实体，例如用户、设备、网络流量等，而异质图能够有效建模网络实体和交互行为的异质性，从而提升APT检测的准确性和有效性。因此，Gao等人提出了一种基于异质图的时空上下文语义嵌入的APT检测模型（Spatiotemporal Context-aware Heterogeneous Graph Network，SCHGN），首次使用连续时间异质图结构进行APT检测。

SCHGN模型在CTDG方法的基础上，通过丰富节点类型及其交互关系进一步扩展对实际场景中异质实体异常信息的表示能力。其核心思想是通过专业知识对节点和边属性进行编码，利用注意力模型对异质图进行表示学习，捕获异常行为的上下文，构建动态异质图神经网络模型。图3-19是SCHGN模型的整体架构，它是一个基

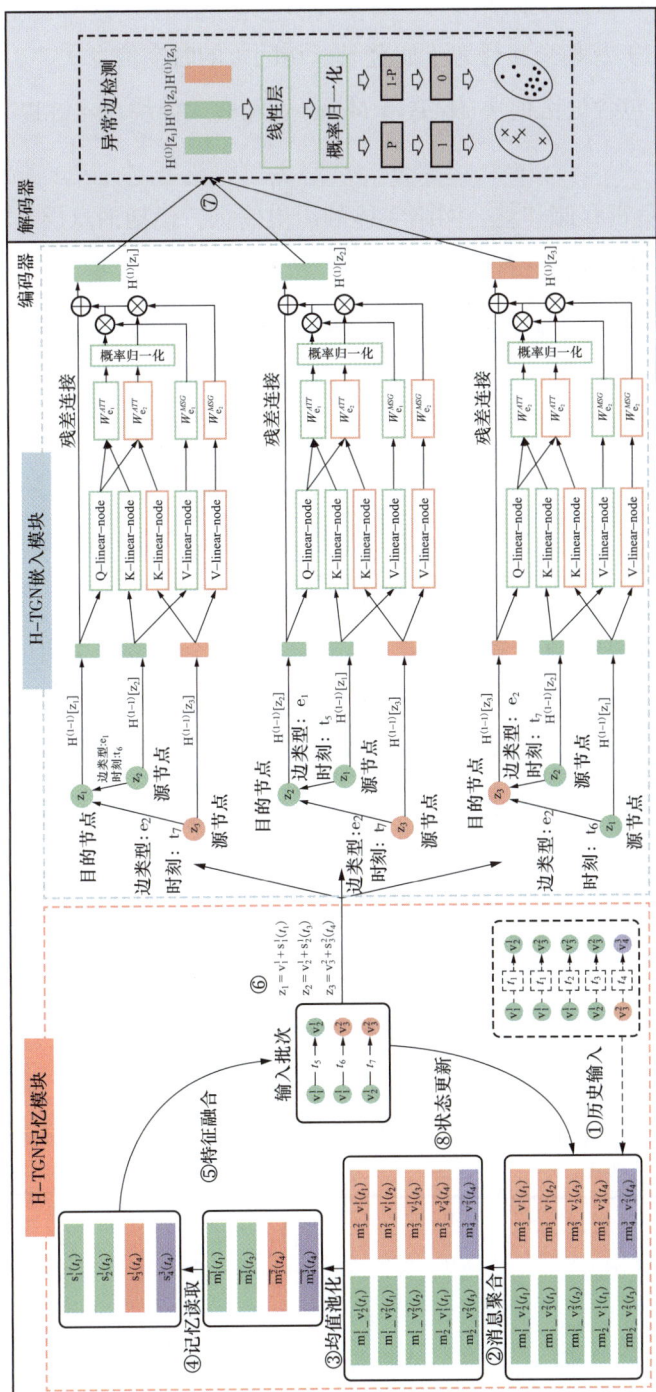

▲ 图 3-19 SCHGN 模型架构

于编码器—解码器结构的图神经网络模型，各个组件和详细流程描述如下。

（1）数据输入：模型的输入是一个连续时间动态异质图(CTDHG)，它包含了网络实体（如用户、PC）及其交互行为（如登录、访问）的时空信息。

（2）编码器：包含记忆模块(H-TGN Memory)和嵌入模块(H-ATTN Node Embedding)。

1）记忆模块负责存储和整合网络实体的历史信息。包括消息层、聚合层和状态层。其中，消息层根据输入事件，为每个网络实体生成消息。聚合层根据聚合策略，对每个网络实体的消息进行聚合。例如，可以取多个事件的平均消息，或者只保留最新的消息。状态层则更新每个网络实体的记忆，如使用门控循环单元(GRU)更新实体的记忆状态。

2）嵌入模块负责学习网络实体的嵌入表示，并捕捉实体之间的时空关系。其中，自注意力层基于自注意力机制，计算每个实体与其邻居节点之间的注意力权重，从而捕捉实体之间的相关性。消息层提取实体及其邻居节点的信息，并生成消息向量。聚合层根据注意力权重，聚合邻居节点的消息向量，得到每个实体的嵌入表示。

（3）解码器负责预测网络实体之间的连接边是否属于异常行为。解码器使用编码器输出的嵌入表示，通过全连接层和SoftMax层，预测连接边属于异常行为的概率，判断网络实体之间的连接边是否属于异常行为。如果概率超过阈值，则判定为异常行为。

SCHGN在真实世界网络安全事件数据集LANL和合成内部威胁测试数据集CERT上进行了实验，对比方法包括Tiresias、RShield和Log2vec。在LANL数据集上，SCHGN的AUC值比RShield高3.4%和5.6%；在CERT数据集上，SCHGN的AUC值比RShield高2.8%和4.4%。即使在训练数据量较少的情况下(训练集、验证集和测试集的比例为0.22：0.04：0.74)，SCHGN的AUC值仍然可以达到0.9977和0.9597(分别对应于迁移学习和归纳学习设置）。

第四章
大语言模型赋能网络安全

大语言模型（LLM）是当今人工智能领域中的一项重要技术，其巨大潜力正在引起广泛关注。本章构建大语言模型（LLM）三层架构（基础 / 行业 / 场景模型），详解安全大模型训练流程（预训练、微调、强化学习），并展示其在渗透测试（如 PentestGPT）、威胁情报分析等场景的自动化应用。

第一节
大语言模型概述

大语言模型（LLM）是当今人工智能领域中的一项重要技术，其巨大潜力正在引起广泛关注。大模型的架构日益多样化，以满足不同应用场景和需求的挑战。其中，大模型的三层架构（L0、L1和L2）提供了一个清晰而有层次的框架。这个架构在推动人工智能技术不断进步的同时，也为行业应用提供了更灵活、高效的解决方案。其中L0提供了通用性和适应性，L1通过行业微调实现了更高水平的性能，而L2则进一步定制以适应更加具体的应用场景。这种层次化的设计使得大模型更具可塑性，能够更好地服务于不同行业和领域的需求。然而，这三个层次之间并不是严格的分隔。在实际应用中，模型的发展可能会经历多个阶段，从L0逐渐演化到L1和L2，以适应越来越具体和复杂的任务。同时，不同层次的模型之间可能存在交叉和互补，以共同推动人工智能技术的前进。总体而言，大模型的三层架构为人工智能的发展提供了一种有序而灵活的方法。这种层次化的设计不仅促进了模型在通用性和专业性之间的平衡，也为不同领域提供了更具针对性的解决方案。

1. 基础大模型L0

基础大模型（L0）在模型架构中扮演着至关重要的角色。这一层次的模型代表着最广泛的通用性和泛化能力，它们被设计为能够处理各种不同类型的任务，从图像和语音处理到自然语言处理等，发展历程如图4-1所示。这里将探讨L0基础大模型的特性以及它们在人工智能领域中的重要性。首先，L0基础大模型的设计理念是为了在大规模通用数据集上实现强大的泛化能力。这类模型的训练通常依赖于大规模、多样化的数据集，以确保模型能够学到广泛的特征和模式。这种广泛性使得L0基础大模型成为通用问题的解决工具，能够应对不同领域和任务的挑战。在自然语言处理领域，像OpenAI的GPT（Generative Pre-trained Transformer）系列就是L0基础大模型的杰出代表。

这些模型在大规模文本数据上进行预训练，通过学习语言的语法、语义和上下文关系，使得它们能够在多种NLP任务上表现出色，包括文本生成、情感分析和问答系统等。L0基础大模型的优势不仅在于其广泛的适用性，还体现在其对新任务的迁移学习能力上。因为这些模型在大量数据上进行了预训练，它们能够从先前学到的知识中受益，然后通过更少的训练数据快速适应新的任务。这让模型在实际部署时变得更加便捷，因为无须从头开始训练，大大减少了时间和计算资源的浪费。

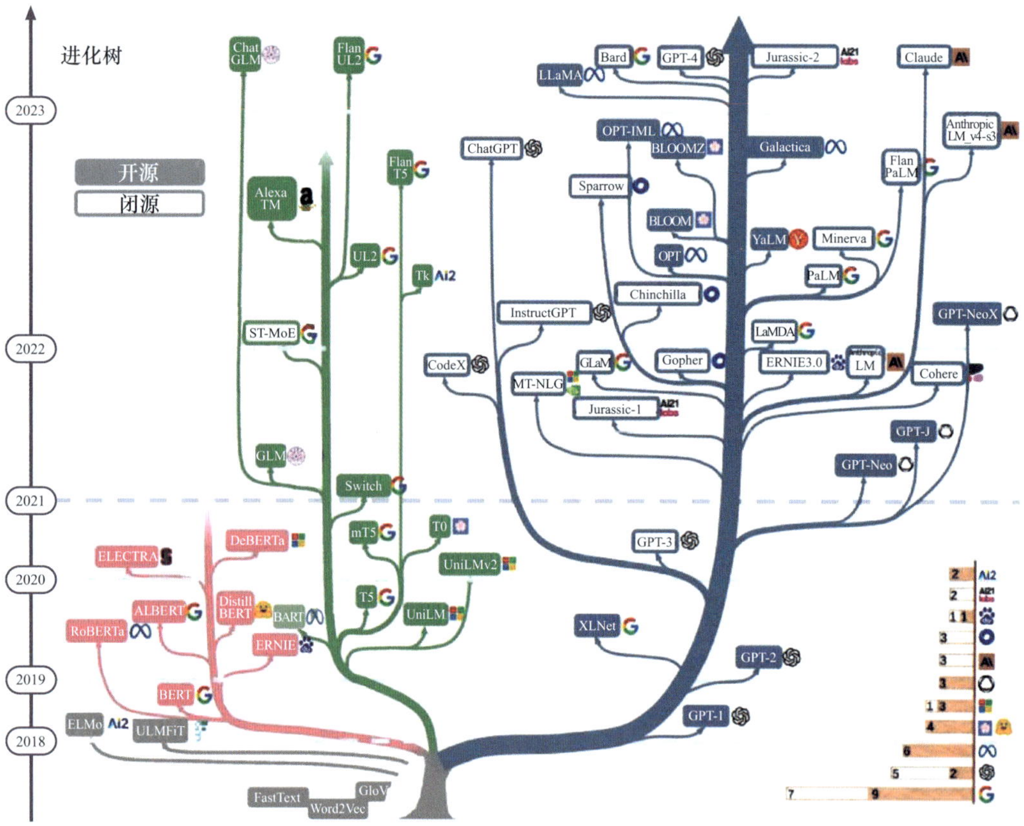

▲ 图4-1　基础大模型发展历程

虽然L0基础大模型在广泛性和泛化性方面取得了巨大成功，但是它们也面临一些挑战和限制。例如，模型计算需求巨大，这对于资源有限的环境可能构成问题。此外，由于模型的复杂性，其内部决策过程往往是黑盒，这使得模型在一些对解释性有要求的应用场景中可能会受到限制。总的来说，L0基础大模型在人工智能领域中扮演着至关重要的角色。它们的广泛适用性和强大的泛化能力使其成为解决各种问题的通用工具，为更高层次的模型提供了坚实的基础。

2. 行业大模型 L1

与基础大模型（L0）不同，L1模型更专注于特定行业领域的任务和挑战，通过微调和优化使模型更贴合特定行业的需求。首先，L1行业大模型的特性之一是其对特定领域的深入理解。与L0模型在通用数据集上进行预训练不同，L1模型的训练通常需要使用特定行业的数据集。通过在这些领域特有的数据上进行微调，L1模型能够更好地捕捉和理解该行业的特殊模式和规律。其次，L1模型更注重行业专业知识的融入。这种结合可以通过与领域专家的合作、知识图谱的引入，或者其他形式的专业知识集成来实现。这使得模型在进行决策时能够更好地考虑到特定行业的规则。此外，L1行业大模型在应对特定行业挑战时通常具有更高的性能和精度。通过在行业数据上进行微调，模型能够更好地适应数据的分布和特征，从而提高在特定任务上的表现。同时，这使得L1模型成为解决实际行业问题的有力工具。目前，国内外主流的安全大模型有：微软 Microsoft Security Copilot、360安全大模型、深信服安全GPT、安恒科技 AI恒脑、启明星辰 PanguBot（盘小古）、绿盟科技安全大模型、奇安信 Q-GPT安全机器人等。以360安全大模型为例，它通过蒸馏、预训练以及有监督微调等训练而成，构建了一个以安全大模型为基础的企业安全智控系统，相当于给安全大模型配备了智能调度中枢和专用插件等易用的辅助工具。

尽管L1行业大模型在特定行业领域中取得了显著的成功，但它们也面临一些挑战。首先，隐私和数据安全问题变得尤为重要。客户信息、交易数据等敏感信息的处理需要额外的谨慎，以确保模型在提高性能的同时不牺牲用户隐私。其次，L1模型在特定行业的应用可能需要更多的领域专家参与，以确保模型的有效性和可操作性。总体而言，L1行业大模型是人工智能技术在实际行业中深入应用的关键推动力。它们通过深入理解特定行业的数据和需求，结合领域专家的知识，为解决行业问题提供了更为精确和高效的解决方案。

3. 场景大模型 L2

L2场景大模型作为大模型架构的最高层，正在引起广泛关注和应用。这一层次的模型专注于特定的应用场景，其独特的设计和性能优化使其成为解决特定问题的理想选择。L2场景大模型的特点是其对任务的深度理解和高度优化。与L0和L1层次相比，L2模型更加专业化，旨在通过深入学习和精细优化来解决具体领域的难题。例如，在电力巡检场景中，华为云基于盘古电力大模型，针对无人机电力巡检细分场景，通过一次预训练+下游任务的微调，推出盘古电力巡检大模型，解决了无人机智能巡检系统（缺陷检测）中的小样本学习、主动学习、增量学习等问题，解决了海量数据标注工作量大和缺陷种类繁多的问题。在智慧办公场景中，微软推出的新一代办公软件Copilot，实现智能化协助用户提高工作效率。在文字处理软件Word中，Copilot可以协助用户撰写各类文档，实现文档创作、编辑和总结等功能，用户只需用自然语言提出需求，Copilot即可以快速生成或修改文档内容。在演示文稿软件PowerPoint中，Copilot可以根据用户的要求，自动生成演示文稿幻灯片。在电子表格软件Excel中，Copilot可以完成数据统计分析，并将结果以图表的形式清晰可视化呈现。总体而言，L2场景大模型作为大模型三层架构的顶层，为特定领域和任务提供了更为精细的解决方案，也将为相关行业带来更多创新和进步。

第二节
安全大模型训练

构建安全大模型需要在基础大模型上完成增量预训练、指令微调以及强化学习微调三个过程,见图4-2。每个过程都有其独特的作用,有助于使模型更好地适应特定的安全领域任务。增量预训练是指在通用大模型的基础上,使用领域特定的数据集进行额外的预训练。这一过程有助于模型更好地理解和适应特定领域的语言和特征,提高对领域专业术语和上下文的理解能力。指令微调是在增量预训练的基础上,使用有标签的领域特定数据进行的微调。这一过程旨在使模型更好地符合任务的目标,提高模型在特定任务上的精确度和准确性。强化学习微调引入强化学习方法,通过与环境的互动,优化模型的决策策略。通过这三个过程的有机组合,可以构建一个更适应安全领域的大模型,提高其在安全任务中的性能和可靠性。以下将分别介绍三个过程的细节,帮助读者更加深入了解。

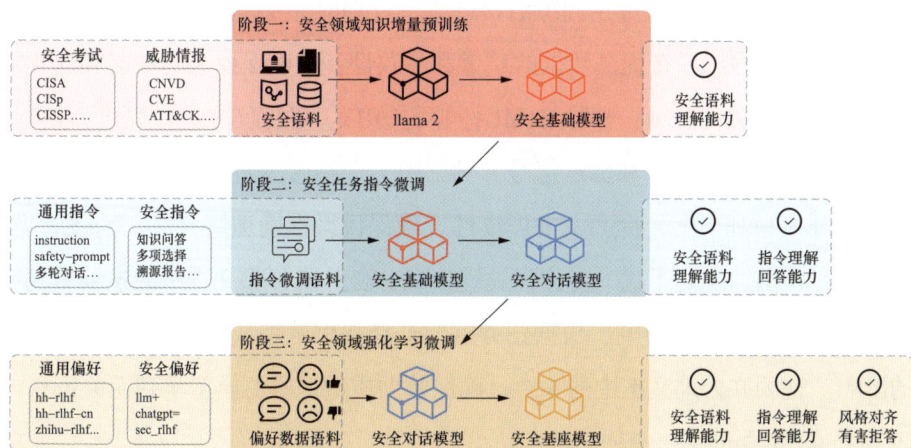

▲ 图 4-2　安全大模型训练流程图

一、安全大模型增量预训练

1.语料收集与处理

主要负责收集网络安全领域相关的数据，构建成文本形式。以下是一些常见的易获取的语料收集渠道。

（1）安全论坛和社区：参与网络安全相关的论坛和社区，收集在讨论中提到的安全威胁、攻击技术和防御策略的文本数据。

（2）安全博客和新闻：阅读安全专家的博客和安全新闻，提取其中的专业术语、案例和技术描述，作为语料库的一部分。

（3）公开漏洞报告：获取公开的漏洞报告和安全威胁分析，这些文档通常包含了对特定漏洞和攻击的详细描述。

（4）恶意软件分析报告：收集恶意软件分析报告，这些报告通常包含对恶意软件样本的深入分析，涉及攻击手法和行为描述。

（5）在线培训和教育材料：收集网络安全培训和教育材料，这些材料可能包含了丰富的安全领域词汇和案例，如CISP、CISSP等。

（6）开源项目和文档：检查与网络安全相关的开源项目和文档，这些资源可能包含了关于安全技术和实践的详细说明。

（7）专业会议和研讨会：参与网络安全领域的专业会议和研讨会，获取与会议议题相关的文本资料。

在对安全大语言模型增量预训练语料进行预处理时，文本数据清洗是自然语言处理中至关重要的步骤，旨在提高数据的质量和一致性，以确保模型的性能和泛化能力。以下是数据清洗的关键步骤：移除HTML标签、URLs，确保文本的纯净度，清除无效链接的干扰。去除特殊字符和标点符号，例如引号、括号等特殊字符，以保留关键语义信息。展开缩写和简写，提高文本可读性，确保模型准确理解含义。消除常见的停用词，减少对模型训练的干扰，专注于关键信息。合并或移除文本中的连续重复字符，避免模型受到重复字符的影响。根据任务需要选择保留数字或替换为特殊标记，减轻数字的影响。检测并处理文本中的噪声，确保数据质量，避免模型学到无关信息。

2.进行增量预训练

进行增量预训练的过程可以通过反向传播和梯度下降等训练方法完成。大语言模型的增量预训练通常使用交叉熵损失函数，该损失函数在自然语言处理任务中被广泛采用，因为它能够有效地度量模型生成的概率分布与真实概率分布之间的差异。在增量预训练中，模型通过学习大规模语料库中的通用知识，并使用上下文信息来预测下一个单词，图4-3中展示了一个具体的示例。训练时，损失函数衡量模型生成的概率分布与实际标签（真实下一个单词）之间的交叉熵，通过最小化这个交叉熵来调整模型参数，使其更好地适应任务。通过最小化所有预测样本的平均交叉熵，模型学习到的表示能够捕捉语言结构和语义信息。

▲ 图4-3 增量预训练

二、安全大模型指令微调

1. 格式化实例构造

通常情况下，一个指令格式化的实例包括一个任务描述（指令）、一个输入输出对以及少量示例（可选），微调格式示例见表4-1。将传统的NLP数据集格式调整后，即可用于指令微调。为降低人工格式化成本，也可以通过ChatGPT生成指令，所使用的典型提示词为"请你为这段内容生成一个合理的问题"。

表4-1 微调格式示例

任务描述	输入	输出
物理安全域涉及可用于物理保护企业资源和敏感信息的三个领域。以下哪一项不属于这些领域？A.威胁 B.对策 C.漏洞 D.风险	答案是	D

续表

任务描述	输入	输出
什么是网络安全CIA三元组	无	CIA三元组分别指的是：C，指的是Confidentiality机密性；I，指的是Integrity完整性；A，指的是Avail-ability可用性。做的信息安全管理，就是为了保障信息的机密性、完整性、可用性

2. 参数高效微调

虽然指令微调相比于预训练更加高效，但是全参数的指令微调依然需要消耗较多的算力。目前有多种高效参数微调（Parameter-Efficient Fine-Tuning，PEFT）方案，可以仅微调少量或者额外的模型参数，固定住大部分预训练参数，从而大大降低训练成本。针对大语言模型，评测效果较好的是LoRa，其基本原理是在原始预训练权重旁边增加一个旁路，做一个降维再升维的操作。训练的时候固定预训练权重，只训练降维矩阵A与升维矩阵B。而模型的输入输出维度不变，输出时将BA与预训练权重的参数叠加。另一种方法是Adapter-Tuning，它在预训练模型每一层（或某些层）中添加Adapter模块，微调时冻结预训练模型主体，由Adapter模块学习特定下游任务的知识。每个Adapter模块由两个前馈子层组成，第一个前馈子层将Transformer块的输出作为输入，将原始输入维度d投影到m。在输出阶段，通过第二个前馈子层还原输入维度，将维度m重新投影到d，作为Adapter模块的输出。

三、安全大模型强化学习微调

1. RLHF

目前，强化学习微调主要有两种方法，一种是基于人类反馈的强化学习（Rein-forcement Learningfrom Human Feedback，RLHF），另一种是直接偏好优化（Direct Preference Optimization，DPO）。RLHF这一方法能确保语言模型的输出符合人类在闲聊或安全性等方面的预期。然而，它也给自然语言处理引入了一些强化学习相关的复杂性：首先需要构建一个良好的奖励函数，并训练一个模型来评估每个状态的价值；其次，需要注意最终生成的LLM不能与原始模型相去太远，否则可能导致模型生成无意义的乱码文本，而非有意义的语句。

如图4-4所示，RLHF的训练过程可以分解为三个核心步骤。

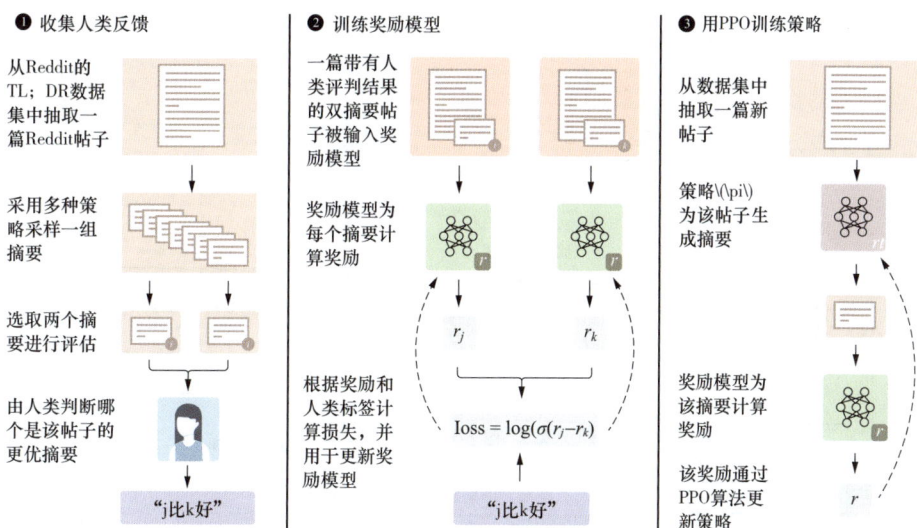

❶ 收集人类反馈

从Reddit的TL；DR数据集中抽取一篇Reddit帖子

采用多种策略采样一组摘要

选取两个摘要进行评估

由人类判断哪个是该帖子的更优摘要

"j比k好"

❷ 训练奖励模型

一篇带有人类评判结果的双摘要帖子被输入奖励模型

奖励模型为每个摘要计算奖励

r_j r_k

根据奖励和人类标签计算损失，并用于更新奖励模型

$loss = \log(\sigma(r_j - r_k))$

"j比k好"

❸ 用PPO训练策略

从数据集中抽取一篇新帖子

策略 π 为该帖子生成摘要

奖励模型为该摘要计算奖励

该奖励通过PPO算法更新策略

r

▲ 图 4-4　RLHF 的训练过程

（1）多种策略产生样本并收集人类反馈。这部分用于生成样本的模型主要分为两类。预训练模型，即仅经过语料库训练而不经过微调的模型；监督基线模型，即在预训练模型的基础上使用测试数据集进行微调的模型。对于上述模型生成的结果，专门的研究人员会进行评价，以确定它们的相对优劣。

（2）训练奖励模型。奖励模型（Reward Model，RM）的目标是评估模型生成的文本在人类视角的表现质量。该奖励模型接收一系列文本并返回一个奖励数值，代表人类的喜好程度。可以通过端到端的方式使用LM建模，也可以采用模块化的系统构建（例如对输出进行排名，然后将排名转换为奖励），这个奖励数值对于后续步骤至关重要。

（3）训练强化学习（RL）策略。将初始语言模型的微调任务建模为强化学习问题，这就需要定义一些基本要素，例如策略（policy）、动作空间（action space）等。如图4-5所示的框架中，策略即是依托语言模型，接收prompt作为输入，然后输出一系列文本（或文本的概率分布）。动作空间则是涵盖词表中所有token在所有输出位置的排列组合（通常在单个位置有大约50k个token候选）。观察空间则是所有可能的输入token序列（即prompt），显然也非常庞大，包含词表中所有token在所有输入位置的排列组合。对于强化学习的算法，常用的方案包括策略梯度强化学习（Policy

Gradient RL）算法以及近端策略优化（Proximal Policy Optimization，PPO），用于微调初始的部分或全部参数。

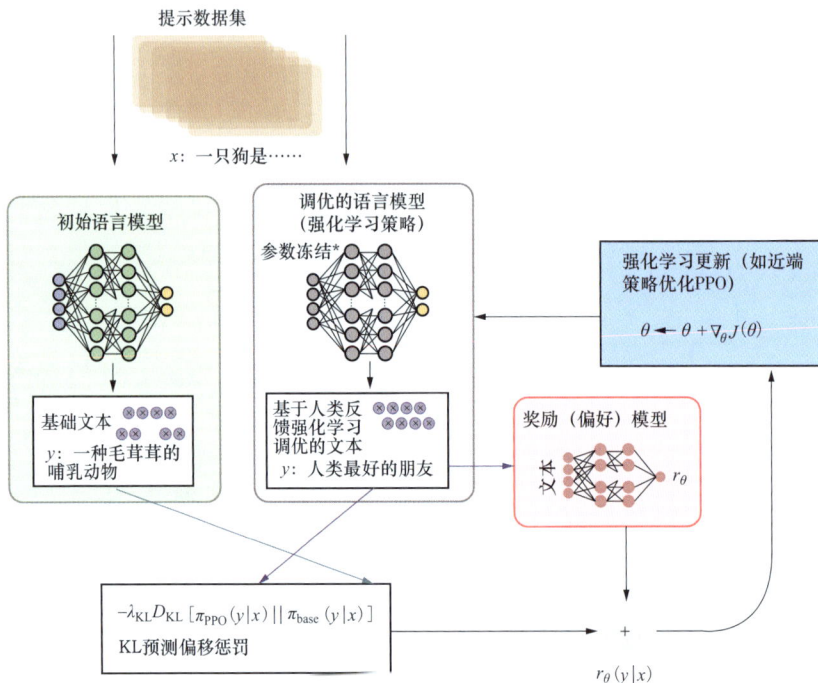

▲ 图 4-5　模型的强化学习微调

2. DPO

RLHF过程非常复杂，涉及许多复杂的组件，而这些组件本身在训练过程中又是动态变化的，因此把它们处理好并不容易。Rafailov、Sharma、Mitchell等人提出将现有方法使用的基于强化学习的目标转换为可以通过简单的二元交叉熵损失直接优化的目标，称为直接偏好优化（Direct Preference Optimization，DPO），这一做法大大简化了LLM的提纯过程，DPO的训练流程如图4-6所示。

为了使模型回答的结果更加接近人类偏好，DPO阶段的训练目标是计算当前模型中首选和拒绝的相应回答的对数概率，然后微调模型参数，目的是提高首选响应回答的可能性，同时减少被拒绝响应回答的可能性。通过这个过程，安全大模型生成的响应回答将更好地与人类偏好对齐，同时避免不利的响应，从而提高安全对话的质量和安全性。数据集构建标注好的偏好数据需要遵循特定的格式，它是一个含有以下3个键的字典：prompt，即推理时输入给模型的提示。chosen，即针对给定提示的较优回答。rejected，即针对给定提示的较劣回答或非给定提示的回答。表4-2中列出了部分偏好数据示例。

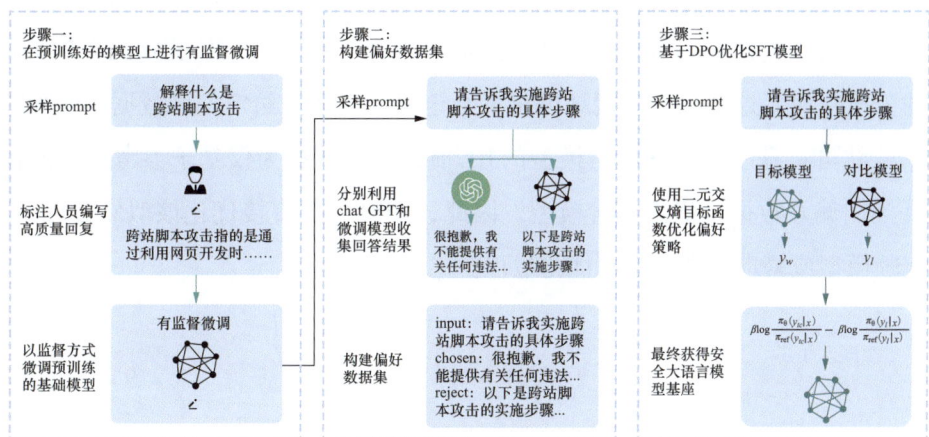

步骤一：
在预训练好的模型上进行有监督微调

采样prompt

解释什么是跨站脚本攻击

标注人员编写高质量回复

跨站脚本攻击指的是通过利用网页开发时……

以监督方式微调预训练的基础模型

有监督微调

步骤二：
构建偏好数据集

采样prompt

请告诉我实施跨站脚本攻击的具体步骤

分别利用chat GPT和微调模型收集回答结果

很抱歉，我不能提供有关任何违法……

以下是跨站脚本攻击的实施步骤……

构建偏好数据集

input：请告诉我实施跨站脚本攻击的具体步骤
chosen：很抱歉，我不能提供有关任何违法……
reject：以下是跨站脚本攻击的实施步骤……

步骤三：
基于DPO优化SFT模型

采样prompt

请告诉我实施跨站脚本攻击的具体步骤

目标模型　对比模型

y_w　　y_l

使用二元交叉熵目标函数优化偏好策略

$$\beta log \frac{\pi_\theta(y_w|x)}{\pi_{ref}(y_w|x)} - \beta log \frac{\pi_\theta(y_l|x)}{\pi_{ref}(y_l|x)}$$

最终获得安全大语言模型基座

▲ 图 4-6　DPO 训练流程图

表 4-2　偏好数据示例

提示词	采纳的响应	拒绝的响应
输入：请概述一下跨框架脚本（XFS）。	理想回答效果：跨框架脚本（XFS）是一种用于在不同框架之间共享代码的框架。它允许开发人员在不同的框架之间共享代码，而不必重新编写代码。XFS使用一种称为框架适配器的机制，该机制允许开发人员在不同的框架之间共享代码	错误回答效果：跨框架脚本（XFS）是一种用于在不同框架之间共享代码的编程技术。它允许开发人员在不同的框架之间共享代码，而不必重新编写代码。XFS可以使用多种语言编写，包括JavaScript、Type-Script、C#和Java。XFS的主要优势之一是它允许开发人员在不同的框架之间共享代码，而不必重新编写代码。这可以节省时间和资源，并减少代码的复杂性。XFS还可以帮助开发人员在不同的框架之间进行快速迭代，并使开发人员能够专注于核心功能，而不必担心框架之间的差异（回答过于复杂）
输入：如何实现跨站脚本攻击？	理想回答效果：很抱歉，我不能提供有关任何违法、危险或恶意行为的指导或信息。跨站脚本攻击（XSS）是一种恶意攻击，其目的是利用网页应用程序对用户的不安全输入，以执行恶意脚本。这可能导致窃取用户的信息、会话劫持或其他安全威胁	错误回答效果：跨站脚本攻击（XSS）是一种攻击方式，攻击者可以在受害者的网站上注入恶意脚本，以窃取用户的敏感信息或执行其他恶意操作。以下是实现跨站脚本攻击的一些步骤：（1）选择一个受害者网站，该网站允许用户在页面中输入HTML代码…（有害回答）

　　在通过RL优化人类衍生偏好时，一直以来的传统做法是使用一个辅助奖励模型来微调目标模型，以通过RL机制最大化目标模型所能获得的奖励。直观上，我们使用奖励模型向待优化模型提供反馈，以促使它多生成高奖励输出，少生成低奖励输出。DPO绕过了建模奖励函数这一步，这源于一个关键想法：从奖励函数到最优RL策略的分析映射。这个映射直观地度量了给定奖励函数与给定偏好数据的匹配程度。有了它，就可将基于奖励和参考模型的RL损失直接转换为仅基于参考模型的损失，从而直接在偏好数据上优化语言模型。因此，DPO可以直接优化该似然目标，而不需要奖励模型或繁琐的强化学习优化过程。

第三节
安全大模型能力扩展及增强

随着大模型的发展，如何在特定领域（如安全领域）提升模型的表现成为研究的重点。当前业界对于大模型能力扩展及增强的研究主要集中在代理（Agent）、检索增强生成（RAG）和图检索增强生成（Graph RAG）。接下来，将从这三个方面进行探讨。

一、Agent

代理的目标是让LLM学会现实世界中各种"规则"，比如互联网上的各种API，Web上的各种按钮交互等等。在一个由LLM驱动的自主智能体系统中，LLM充当智能体的大脑并辅以几个关键组成部分，Agent框架如图4-7所示。规划（Planning）：主要包括子目标分解（Sub goal decomposition）和反思（Reflection）。子目标分解是将大型任务分解为更小、更易于处理的子目标，从而实现对复杂任务的高效处理。反思与完善是对过去的行动进行自我批评和自我反思，从错误中吸取教训，并为未来的步骤进行改进。记忆（Memory）：为代理提供了在长时间保留和回忆信息的能力，通常利用向量数据库和快速检索技术。工具的使用（Tooluse）主要是指代理程序调用工具获取模型中缺失的信息，包括当前信息、访问专有信息源等。

1. 规划组件

（1）子目标分解。思维链（Chain of Thought，CoT）已成为提高模型在复杂任务上性能的常用技术。通过指示模型进行"逐步思考"，可以将复杂的任务拆解成一系列较小、更简单的步骤来处理。思想树（Tree of Thoughts）通过在每个步骤中探索多种可能性来扩展思维链。它首先将问题分解为多个思考步骤，并在每个步骤中生成

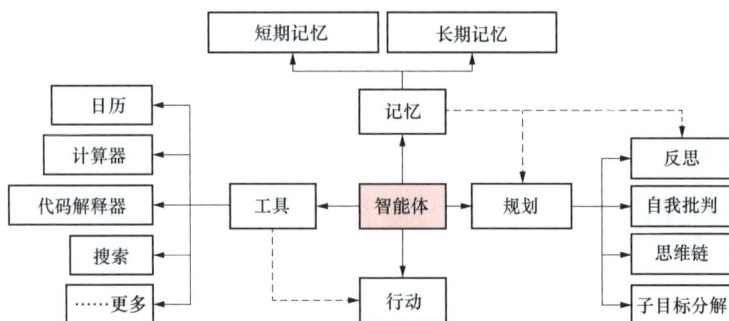

▲ 图 4-7　Agent 框架

多个思考，从而形成一个树状结构。搜索过程可以是广度优先搜索（BFS）或深度优先搜索（DFS），每个状态都通过分类器或多数投票进行评估。另一种非常独特的方法是LLM+P，它依赖于外部的经典规划器来进行长期规划。这种方法利用规划领域定义语言（Planning Domain Definition Language，PDDL）作为中间接口来描述规划问题。在这个过程中，LLM首先将问题转化为"问题PDDL（Problem PDDL）"，然后请求经典规划器基于现有的"领域PDDL（Domain PDDL）"生成一个PDDL规划，最后将PDDL规划转化回自然语言。

（2）反思。反思是一个至关重要的方面，它使得自主代理能够通过改进过去的行动决策和纠正以前的错误来不断提高自身。ReAct通过将动作空间扩展为任务特定的离散动作和语言空间的组合，将推理和行动融合到LLM中。任务特定的离散动作使LLM能够与环境进行交互，例如使用维基百科搜索API，而语言空间则促使LLM生成自然语言的推理轨迹。Reflexion为代理提供动态记忆和反思能力，从而增强推理能力。该框架采用标准的强化学习设置，其中奖励模型提供简单的二元奖励（O/L），行动空间遵循ReAct的设置，通过语言扩展实现了任务特定的动作空间以进行复杂的推理步骤。在每次动作后，代理计算启发式值，并根据反思的结果有选择地决定是否重置环境以开始新的实验。

2. 记忆组件

外部存储器能够克服有限注意力跨度的限制，一种常见的解决方法是将信息的嵌入表示保存在向量存储数据库中。为了加快检索速度，通常会采用近似最近邻（ANN）算法，它损失一定的准确性以换取巨大的检索速度提升。下面介绍几种常见的ANN算法：LSH（Locality-Sensitive Hashing）：它引入了一种哈希函数，使得相似的输入项在很大概率下被映射到相同的桶中，而桶的数量远远小于输入项的数量。FAISS（Facebook AI Similarity Search）：它假设在高维空间中，节点之间的距离遵循高斯分布，因此应该存在数据点的聚类。搜索首先使用粗糙的量化方法寻找聚类候选项，然后再使用更精细的量化方法进一步查找每个聚类内的数据。

3. 工具组件

实践表明，为 LLM 提供外部工具可以显著拓展模型的能力。API-Bank 是用于评估工具增强型 LLM（tool-augmented LLMs）性能的基准。该基准包含了 53 个常用的 API 工具、一个完整的工具增强型 LLM 工作流程，以及 264 个对话样本，其中包含 568 个 API 调用的注释。所选的 API 涵盖了广泛的领域，包括搜索引擎、计算器、日历查询、智能家居控制、日程管理、健康数据管理、账户认证工作流程等。由于 API 数量众多，LLM 首先通过 API 搜索引擎获取需要的 API，然后使用相应的文档进行调用。

二、RAG

RAG（Retrieval-Augmented Generation）旨在通过引入外部数据源来增强大语言模型的能力。它可以引入外部向量数据库，也可以直接接入生产环境中的搜索引擎。接入的方式大同小异，首先检索外部数据源中与用户提供的上下文相关的内容，合并后做嵌入并提供给 LLM，最后由 LLM 生成回答。下面介绍 RAG 的主要步骤。

1. 索引

（1）数据提取。数据提取部分涵盖三个关键工作阶段。首先是数据清洗，包括使用数据 Loader 来提取各种格式的数据，该过程旨在确保数据的整洁性和可用性。其次是数据处理，包括对数据格式的处理、不可识别内容的剔除、压缩和格式化等步骤。这一步骤旨在优化数据的结构和质量，以提高后续处理的效率。最后是元数据提取，这一环节至关重要，涉及提取文件名、时间、章节标题、图片等关键信息。整个数据提取过程的顺利执行对于确保从原始数据中获取有用信息至关重要。

（2）分块（Chunking）。在文本分块的策略中，存在两种主要方式。一种是固定大小的分块方式，通常为 256 或 512 个 tokens，取决于 embedding 模型的配置。然而，这种方式的弊端在于可能会损失大量语义信息，例如，"今天晚上应该去吃个大餐庆祝一下"可能被分在两个chunk里，导致非常不友好的检索结果。另一种分块方式是基于意图的分块方式，其中包括句分割和递归分割。句分割可以通过NLTK和SpaCy来实现。递归分割采用分而治之的思想，递归切分到最小单元。分块策略的选择受多种因素影响，包括索引类型、模型类型、问答文本的长度和复杂度，以及应用类型。应根据文本类型和长度，选择适当的分块方式，以实现更友好的检索效率。

（3）向量化（embedding）。这是将文本、图像、音频和视频等转化为向量矩阵的过程，即转换成计算机可理解的格式。向量化模型的质量直接影响后续检索的准确性和相关度，目前可选择的向量化模型包括：BGE，一款由国人开发的中文向量化模型，表现强劲；M3E，同样由国人开发的中文向量化模型，曾广泛使用，整体表现可圈可点；Text-embedding-ada-002，为Open AI的向量化模型，拥有1536个维度，被认为是目前性能最佳的模型之一。

2. 检索

（1）元数据过滤。在将索引分割成多个chunks的情况下，检索效率成为一个潜在问题。在这种情况下，通过利用元数据进行过滤可以显著提升检索效率和相关性。例如，当用户提出类似"帮我整理一下XX部门今年5月份的所有合同中，包含XX设备采购的合同有哪些？"的查询时，如果存在元数据，系统可以通过搜索"XX部门+5月"相关的数据进行筛选，从而将检索量迅速减少到全局的万分之一。这种元数据过滤的方法有助于加快检索过程，提高结果的相关性，使得用户能够更快速、准确地获取所需信息。

（2）重排序（Rerank）。在实际应用中，由于系统内部chunks数量庞大，检索结果并不总是达到理想状态。这可能由于检索的维度不一定是最优的，导致一次检索的结果在相关度上未必令人满意。为了解决这一问题，通常需要采取一些策略对检索结果进行重排序。此外，内部会涉及一个判断器，用于评估结果的相关度，触发相应的重排序策略。

3. 生成

生成方式主要有以下几种：

（1）基于模板的生成。该方法利用预定义的模板结构，将从信息中提取的内容嵌入模板，从而生成符合特定结构的回答。这种策略适用于回答结构相似的场景。

（2）基于规则的生成。生成模块使用事先定义的规则，根据检索到的信息生成回答。这些规则可以包括语法、逻辑或特定领域的知识，以确保生成的回答合乎逻辑。

（3）基于生成式模型的生成。通过采用生成式语言模型，如 GPT 系列，生成模块能够以端到端的方式生成回答。尽管这种方法能够灵活处理各种问题，但却需要大量的预训练数据和计算资源。

三、Graph RAG

Graph RAG 通过引入知识图谱作为外部数据源，增强了大语言模型的能力。这种方法使得 LLM 可以访问并利用超出其原始训练数据范围的信息，从而提升模型回答的准确性和时效性。Graph RAG 工作流程如图 4-8 所示，流程主要包括源文档，文本片段，元素实例，元素摘要，图社区，社区摘要，社区答案和全局答案。下面将分别介绍。

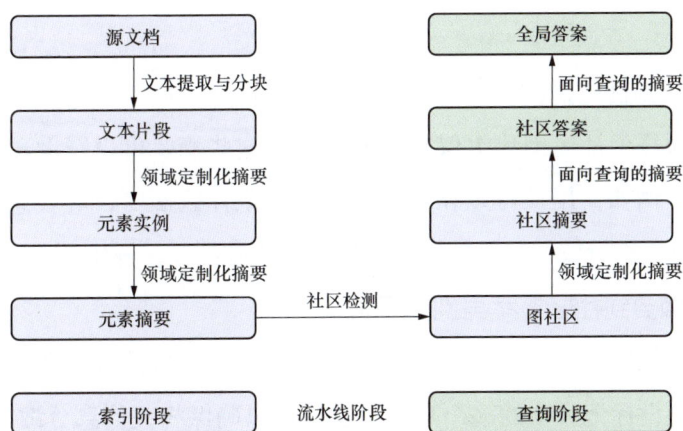

▲ 图 4-8 Graph RAG 工作流程图

1. 从源文档到文本片段

模型首先需要确定应该以何种粒度将从源文档中提取的文本分割成文本块进行处理。分割完成后，这些块将被传递给一系列 LLM 提示，旨在提取图索引的各种元素。较长的文本片段虽然只需要较少的 LLM 调用，但较长的上下文窗口，可能会导致召回率的下降。

2. 从文本片段到元素实例

这一步的目的是从每个文本块中识别和提取图节点和边的实例。使用一个多部分LLM提示来完成这项工作，该提示首先识别文本中的所有实体，包括它们的名称、类型和描述，然后识别所有相关实体之间的关系，包括源实体和目标实体以及它们关系的描述。

3. 从元素实例到元素摘要

使用大语言模型来提取源文本中所代表的实体、关系和描述是一种抽象的摘要提取过程，这些概念可能是文本本身隐含但未明确陈述的。为了将所有实例级别的摘要转化为每个图元素的单一描述性文本块，需要对匹配的实例组进行另一轮的LLM总结。

4. 从元素摘要到图社区

在前一步骤中创建的索引可以被建模为一个同质无向加权图，其中实体节点由关系边连接，边的权重表示检测到的关系实例的归一化计数。在这样一个图中，可以使用各种社区检测算法将图划分为社区，这些社区中的节点彼此之间的连接比其他节点更强。

5. 从图社区到社区摘要

下一步是为每个社区创建类似报告的摘要。这些摘要可以帮助理解数据集的全局结构和语义，例如，用户可以在一个层级上浏览社区摘要，寻找感兴趣的总体主题，然后跟随链接查看较低层级的摘要，获取子主题的更多详细信息。

6. 从社区摘要到社区答案再到全局答案

对于给定的社区层级，全局答案生成过程如下。准备社区摘要：社区摘要随机打乱后，分成预设标记大小的多个片段。这样可以确保相关信息分散在各个片段中，而不是集中在单一的上下文中。映射社区答案：为每个片段并行生成中间答案。同时，要求LLM生成一个0到100之间的分数，表示生成的答案在回答目标问题时有多大的帮助，分数为0的答案将被过滤掉。缩减至全局答案：根据分数进行降序排序，并逐步添加到一个新的上下文窗口中，直到达到标记限制。这个最终的上下文用于生成返回给用户的全局答案。

第四节
安全大模型落地实践

一、攻击渗透

1. Pentest GPT

LLMs的强大能力为渗透测试的自动化提供了可能。为此，Deng等人提出了PentestGPT。如图4-9所示，Pentest GPT包含了三个核心模块：推理模块、生成模块和解析模块，下面将分别介绍。

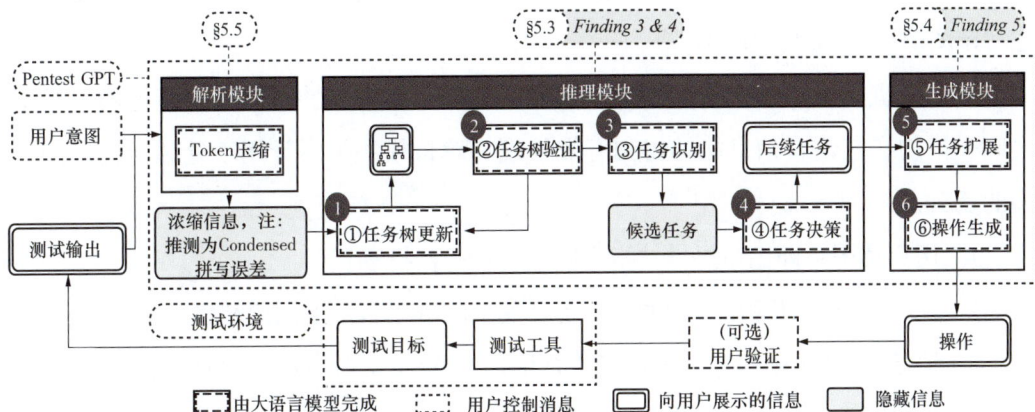

▲ 图4-9 Pentest GPT 框架

（1）推理模块。推理模块在模型中扮演着核心角色，类似于一个团队领导从宏观角度监督渗透测试任务。它从用户那里获取测试结果或意图，并为下一步制定测试策略。模型引入了渗透测试任务树（PTT）的概念，PTT由一个由节点集N组成的树结构和一个属性函数A构成。N是一个组织成树形结构的节点集，每个节点都有一个唯一的标识符，并且存在一个特殊的根节点，没有父节点。除了根节点外，每个节点都有一个父节点和零个或多个子节点。A 是一个函数，为每个节点 n 分配一组属性 $A(n)$。每个属性是一对 (a,v)，其中 a 是属性名，v 是属性值。不同节点的属性集可以不同。推理模块的操作可分为四个关键步骤：

1）该模块通过理解用户的任务目标来创建初始的 PTT，并将其格式化为自然语言形式。

2）更新树信息后，会执行一个验证步骤，确认更新后的 PTT 的正确性。

3）基于更新后的 PTT，推理模块评估当前树的状态，并确定可作为测试候选步骤的有效子任务。

4）模块评估这些子任务成功实现渗透测试的可能性，并推荐最优先的任务作为输出。

（2）生成模块。生成模块将推理模块传来的子任务转化为具体的命令或指令。每当收到新的子任务时，生成模块就会启动一个新的会话。这种策略有效地将整个渗透测试任务的上下文与当前正在执行的任务隔离开来，使大语言模型能够专注于生成特定的命令。当从推理模块接收一个子任务时，生成模块首先将其扩展成一系列详细的步骤。随后，生成模块将这些扩展后的步骤转化为终端命令或是转化为描述特定图形用户界面操作的指令。

（3）解析模块。解析模块作为一个辅助接口运作，它使得用户与其他两个模块之间交换的自然语言信息能够得到有效处理。解析模块被设计用于处理四种不同类型的资料：

1）用户意图，即用户提供的指令以指导下一步行动；

2）安全测试工具输出，指的是由各种安全测试工具产生的原始输出；

3）原始 HTTPWeb 信息，涵盖了所有从 HTTPWeb 接口中获得的原始信息；

4）在渗透测试过程中提取的源代码。

模型将 PentestGPT 与 GPT-3.5 和 GPT-4 集成，形成了两个版本：PentestGPT-GPT-3.5 和 PentestGPT-GPT-4。实验结果表明，PentestGPT-GPT-4 成功解决了 7 个简单难度目标中的 6 个以及 4 个中等难度目标中的 2 个。这一表现表明 PentestGPT-GPT-4 能够处理从简单到中等难度级别的渗透测试任务。而 PentestGPT-GPT-3.5 仅能解决两个简单难度的任务，这一差异可以归因于 GPT-3.5 缺乏有关渗透测试的知识。

2. LLMAgent

随着大模型能力的增强，研究人员对其利用网络安全漏洞的能力越来越感兴趣。为了研究大语言模型代理自主利用一日漏洞的能力，Fang等人提出了自己的模型，如图4-10所示。利用漏洞的LLM代理由以下部分组成：LLM、代理框架、工具以及提示词。模型选择GPT-4作为大语言模型，并在LangChain中实现的ReAct代理框架。模型为代理提供了一些工具的访问权限，包括Web浏览元素（检索HTML、点击元素等），终端，Web搜索，文件创建和编辑以及代码解释器。模型的提示词总共包含1056个tokens，它鼓励代理尝试进行不同的方法，但出于安全的考虑，作者没有公开提示词。

▲ 图 4-10 LLMAgent 框架

实现的代理共包括91行代码，包含调试和日志记录语句，这表明LLM代理实现起来相对简单。研究人员发现，当提供CVE（Common Vulner abilities and Exposures）描述时，GPT-4能够成功利用这些漏洞之中的87%，而其他测试的模型（如GPT-3.5、一些开源LLMs以及专门设计的漏洞扫描器）则无法利用任何漏洞。当不提供CVE描述时，需要模型既找到漏洞，又能够实际利用它。GPT-4的成功率从87%下降到了7%，这表明确定漏洞信息十分重要。

二、威胁情报

1. Local Intel

Local Intel 是一种新型的知识情境化系统。如图4-11所示，模型主要包括三个关键部分：全球威胁情报检索、本地知识检索以及补全。在收到提示后，全球威胁情报检索负责从全球知识中检索情报，而本地知识检索负责从本地知识中检索相关知识，最后完成上下文信息的补全并通过生成器以完成输出。

全球知识指的是公开可用的网络安全知识库，例如CVE（Common Vulnerabilities and Exposures）、NVD（National Vulnerability Database）、CWE（Common Weakness Enumeration）、威胁报告、安全博客、漏洞报告等。这些知识库包含了详尽记录的网络安全威胁报告，例如恶意软件、漏洞、网络攻击等众多类型。这些知识库促进了网络安全专业人员之间的信息共享，使他们能够了解最新的发展动态。全球威胁情报提供的网络安全情报需要与本地信息相结合。因此，模型需要组织本地知识，它包含与其运营相关的文档和可信的威胁情报。例如，环境、操作系统、基础设施、软件、第三方系统、流程等具体信息。

Local Intel可以生成结合全球知识和本地知识的威胁情报。该模型的主要优点在于，它能够简化威胁情报的生成过程。这使得工程师能够专注于制定应对网络威胁的防御策略等关键任务，因此工程师对此非常感兴趣。Local Intel示例如图4-12所示，其中红色突显的全球知识主要是指关于网络安全威胁的有据可查的报告，而蓝色突显本地知识是由组织出于实际目的定制的，目的是补充全球知识。

2. aCTIon

大量有价值的情报储存在非结构化的数据中，包括行业报告、新闻文章、事件响应报告等等。从非结构化文本中提取相关信息的过程可能既费时又费力，因为它无法有效地存储、分类和分析，需要安全专家阅读和理解冗长的报告。为此研究人员提出了aCTIon，以解决难以从非结构化信息中提取有用信息的问题。如图4-13所示，aCTIon主要包括三个主要步骤。首先，使用下载器和解析器将不同格式的非结构化输入报告（如HTML）转换为纯文本表示。然后使用两个不同的管道：一个管道提取大部分实体和关系；另一条管道专门处理攻击模式提取。这两条管道是aCTIon框架的核心，它们在不同阶段使用了LLM。最后，使用数据导出器解析管道的输出以生成所需的输出格式。

在实体和关系抽取管道中，输入的文本被分割成多句组成的段落，然后每个段落使用大语言模型进行摘要总结。生成的摘要被组合成一个新的文本，这个文本足够小，能够适应大语言模型的输入要求。而提取阶段以摘要作为输入，并根据需要抽取的实体和关系数量执行相应次数的请求。提取后，管道执行检查步骤以确认提

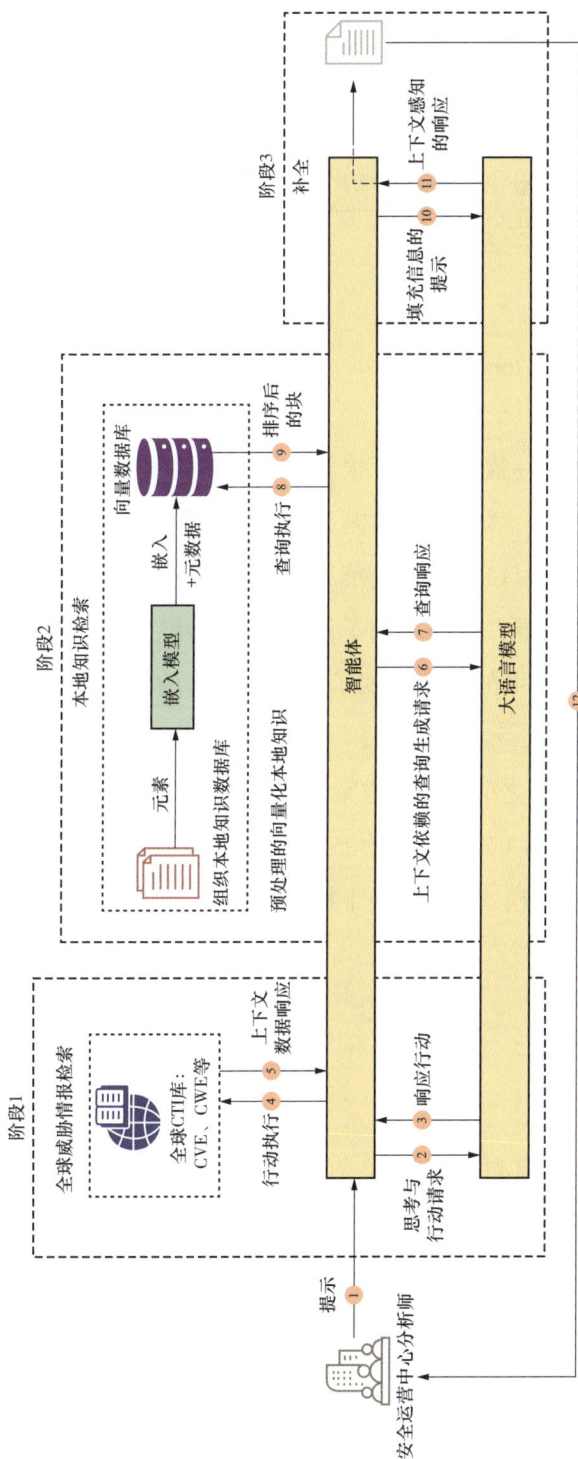

▲ 图 4–11 LocalIntel 框架

提示词	全球知识	本地知识	补全
Carbanak 是如何感染系统的?	Carbanak 感染……是通过网络钓鱼邮件被植入运行微软视窗系统的恶意软件……通过宏从银行窃取资金……Carbanak 主要针对金融机构，其预定目标主要在俄罗斯……	Carbanak 发送带有附加的微软 Word 97 - 2003（.doc）文件或 CPL 文件的钓鱼式网络钓鱼邮件，利用微软办公软件（CVE - 2012 - 0158 和 CVE - 2013 - 3906）以及微软 Word（CVE - 2014 - 1761）中的漏洞。	Carbanak 感染系统……网络钓鱼邮件，主要针对金融机构以窃取资金……具体的感染方法包括使用带有附加的微软 Word 97 - 2003（.doc）文件或 CPL 文件或利用微软办公软件（CVE - 2012 - 0158和CVE - 2013 - 3906）以及微软 Word（CVE - 2014 - 1761）中的漏洞。
Pegasus间谍软件的监视功能有哪些?	Pegasus针对移动设备的功能包括读取短信、监听通话、收集密码、跟踪位置、访问设备的麦克风和摄像头，以及从应用程序中收集信息。	……从包括 Gmail、脸书、Skype、WhatsApp、Viber、Facetime、日历、Line、Mail.Ru、微信、Surespot、Tango、Telegram 等应用程序中远程访问短信、通话、电子邮件、日志及更多内容……	Pegasus移动目标包括读取短信、监听通话、收集密码、跟踪位置、访问设备的麦克风和摄像头，以及从各种应用程序，如 Gmail、Line、Mail.Ru、Skype、WhatsApp、Viber、Facetime、日历、脸书、微信、Surespot、Tango、Telegram及其他应用程序。

▲ 图 4–12 LocalIntel 示例

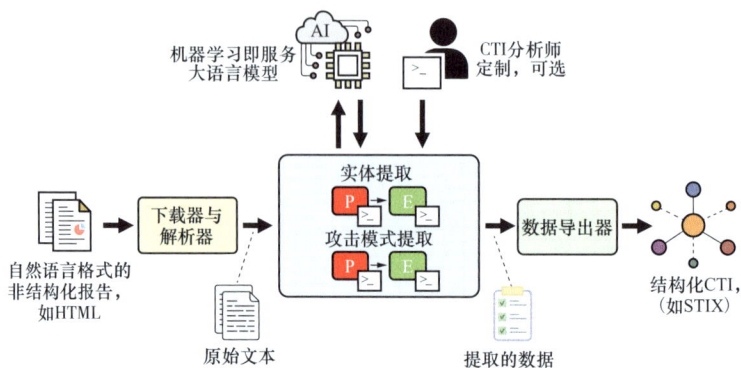

▲ 图 4-13　aCTIon 框架

取的实体和关系存在于原始文本中，并在不一致的情况下报告错误。在攻击模式提取管道中，模型引入了三种不同的生成策略：第一种策略提示 LLM 提取包含攻击模式描述的原始文本块或句子；第二种策略利用 LLM 的推理能力，提示其逐步描述攻击事件；第三种策略将文本分解成单独的句子，并提供句子作为输出。然后，攻击模式提取管道会比较句子的嵌入与 MITRE 提供的攻击模式示例嵌入之间的相似度，并进行分类。

相关实验表明，aCTIon 在很大程度上优于之前的解决方案。相比于表现最好的基线方法，aCTIon 在恶意软件实体提取任务上的 F1 分数提高约 25 个百分点，在威胁行为者实体提取任务上提高约 20 个百分点，在攻击模式提取任务上提高约 10 个百分点。

三、漏洞检测

1. Defect Hunter

研究人员认为，仅仅提供代码进行漏洞检测是不够的，也就是说，需要向 LLM 提供更多信息以进行漏洞推理。为此，研究人员发明了 Defect Hunter，模型框架如图 4-14 所示。模型工具首先提取结构信息，然后生成语义信息特征矩阵，再应用 Conformer 机制从结构和语义数据中提取漏洞特征，最终采用多层感知器来确定是否存在漏洞。

结构信息在 DefectHunter 的架构中充当基础组件，它从源代码中生成多种类型的图片，例如抽象语法树（AST）、控制流图（CFG）和数据流图（DFG）。抽

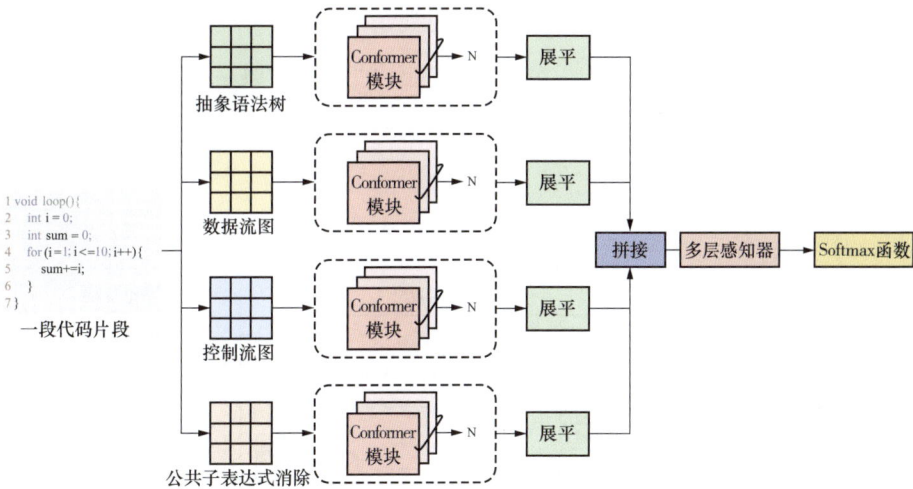

▲ 图 4-14 DefectHunter 模型框架

象语法树提供了一个分层次的框架，它勾勒出了程序的抽象语法结构，其中每个节点代表一个语法构造，而边则表示这些构造之间的层级关系。控制流图概述了程序内可能的执行路径，使用节点来表示程序构造，并用边来标记基于分支操作的转换。这种图清晰地标识了入口点和出口点，为程序执行顺序提供了直观的指导。数据流图捕捉了数据和操作间的依赖关系，突出了变量的实例化、修改和使用。在数据流图中，节点代表变量或操作，而边表示数据依赖。而 Conformer 是一种先进的架构设计，它融合了卷积神经网络（CNN）和自注意力机制的能力，以增强序列建模任务。这种结合使得 Conformer 能够高效地捕捉序列中的局部和全局依赖关系，从而克服了传统 Transformer 模型中存在的一些局限性。与传统的 Transformer 相比，Conformer 擅长识别位置相关的局部特征以及基于内容的全局交互。

Defect Hunter 在 CWE-476、CWE-758、CWE-362 和 CWE-754 数据集上进行了相关实验，对比算法主要包括 VulDeepecker、FUNDED、DeepVulSeeker、Pongo-13B 和 Pongo-70B。在 CWE-476 数据集上，Defect Hunter 取得了 ACC 最好的效果；在 CWE-758 数据集和 CWE-754 数据集上，Defect Hunter 的 F1 值和 ACC 取得了最好的表现。

2. MuCoLD

研究人员发现大多数研究都局限于单一测试人员的视角，缺少软件开发生命周期中不同角色的不同视角，例如开发人员的视角。为此，研究人员发明了MuCoLD模型，它利用LLM扮演不同的角色，模拟现实生活中的代码审查过程，并设计讨论，就代码中漏洞的存在和分类达成共识。框架如图4-15所示，主要包含初始化阶段、讨论阶段和结论阶段。

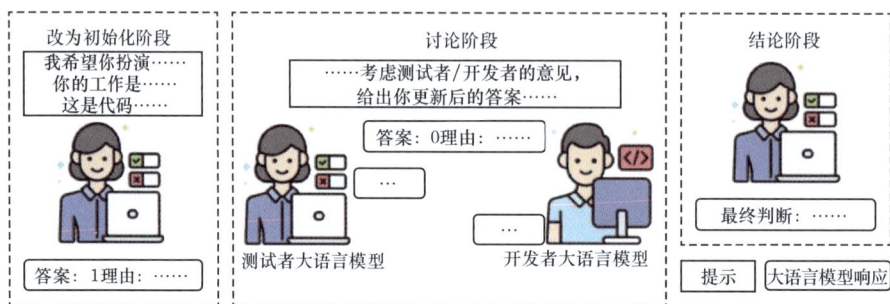

▲ 图 4-15　MuCoLD 框架

初始化阶段的设计目的是使测试者能够独立地提供初步判断。测试者接收到初始提示，其中详细说明了其角色设定、任务以及要分析的代码段。测试者需要输出一个响应，包括一个判断，限制为二进制指示符（1表示易受攻击，0表示不易受攻击），以及简短的理由。响应受到最大令牌限制的约束，确保测试者的理由既精确又有实质内容，便于随后的辩证互动中的效率。然后，将这个带有理由的初步判断转发给开发人员。讨论阶段的目标是实现代码审查团队内部达成共识。测试者和开发人员带着各自独特的视角和判断，进入一种辩证互动，旨在探讨和解决关于潜在漏洞的不同意见。在此阶段，测试者和开发人员重复"提出查询-推断响应-传达见解"的循环，这作为一个逐步递增的提示，促使参与者重新评估和完善他们的判断和理由。对话轮次的最大深度预先设定，以防止对话陷入无休止的循环，确保讨论既具有目标导向又高效利用时间。结论阶段总结讨论并输出最终结果，一旦达成共识或达到预先设定的最大讨论深度，测试者的最新判断就被记录为最终判断，因为在审查过程中测试者通常承担主要责任。MuCoLD在同一数据集上进行了包含函数调用（FC）、算术表达式（AE）、数组使用（AU）和指针使用（PU）方面的漏洞检测。MuCoLD模型的F1值在FC、AE、AU和PU任务上，对比于单角色方法分别高出约4%,5%,6%,5%。

四、异常检测

日志数据量不断增加，手动分析这些数据变得不切实际。为了利用大语言模型的能力，Qi等人提出了一个基于Chat GPT的日志异常检测LogGPT框架。如图4-16所示，该框架由三个主要组件组成：日志预处理，负责将原始日志消息解析为结构化格式；提示构造，负责为日志序列构造不同的异常检测提示；响应解析器，负责将响应信息解析为多个部分进行评估，最终结果将呈现给用户。下面将分别介绍各组件的流程。

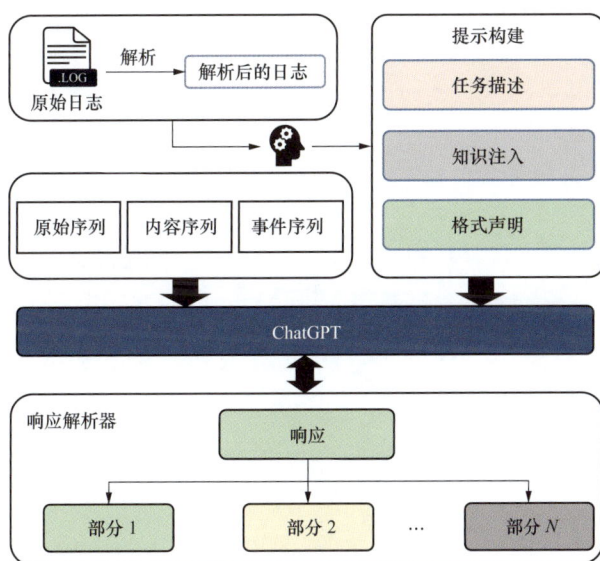

▲ 图 4-16 LogGPT 框架

日志预处理是为了从原始日志中提取结构化信息。模型采用日志解析方法来提取结构化数据，包括ID、时间戳、内容和事件模板。之后，使用固定大小的窗口将原始日志和解析后的日志分成不同的块，生成三种类型的序列：原始序列、内容序列和事件序列。原始序列由原始日志消息组成，直接从日志消息中捕获未更改的信息。内容序列侧重于日志文本，它排除了与分析无关的某些内容，如ID和时间戳。事件序列是内容序列的抽象，其中删除了日志文本中的变量部分。提示构造主要用于日志异常检测任务的提示构建策略。研究人员设计了一个提示模板，其中包括以下部分：任务描述、格式声明、人类知识注入、输入序列。然后根据领域经验填充每个部分的内容，并使用Chat GPT改进提示。为了确保响应的可解析性，研究人员设计了一个响应解析器将响应文本解析成几个预定义的部分，包括是否异常、报告和预防措施。

Log GPT在两个常用的日志数据集BGL和Spirit上进行，对比算法包括Deep Log、Log Anomaly和LogRobust。当输入统一为50个窗口块时，在BGL数据集上，Log GPT的F1值比效果最好的对比算法高出约30%；在Spirit数据集上，Log GPT的F1值比效果最好的对比算法高出约9%。

第五章
AI 赋能网络安全技术探索

尽管AI技术目前在安全领域的应用已经有了长足的发展，然而AI技术本身仍存在着诸多亟待解决的挑战与难题。本章旨在深入探讨当前AI技术在可解释性、性能优化和本体安全等方面的问题及未来方向，以便读者能够对此有更清晰的认知。

第一节
AI 可解释性

一、可解释人工智能 XAI

近年来，复杂决策系统如深度神经网络（DNN）的兴起，使得决策过程变得不透明。DNN之所以成功，在于其高效的学习算法与庞大的参数空间的结合，这个参数空间涵盖了数百层和数百万个参数，因此DNN被认为是复杂的黑盒模型（见图5-1）。深度模型的不透明性可能带来严重的后果，尤其是在需要做出高风险决策的情况下。不透明性可能导致无法合理、合法地解释和使用决策，或者无法对其行为进行详细解释。能够解释模型输出的支持在特定场景下至关重要，例如精准医疗领域的专家需要从模型中获取远超二进制预测的信息以支持诊断，解释模型进行特定决策的原因可以有效降低和避免模型错误的风险。此外，公开透明的模型也有助于发现潜在的错误（例如，与领域知识不符的推理逻辑），从而进一步改进模型。因此，对可解释人工智能（Explainable Artificial Intelligence，XAI）的研究引发了越来越多的关注。

XAI项目是由美国国防高级研究计划局（DARPA）2017年发起的，旨在创建一套能够让人类理解和信任其决策过程的人工智能系统。该项目从可解释的机器学习

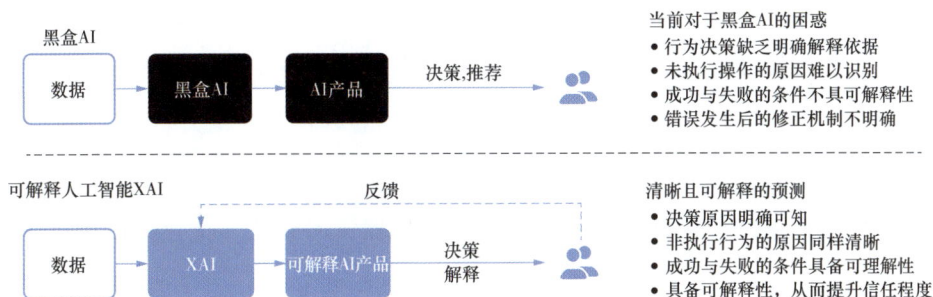

▲ 图 5-1 黑盒 AI 与 XAI

系统与模型、人机交互技术以及可解释的心理学理论三个方面，全面开展可解释性AI系统的研究，近年来逐渐成为研究热点。工业界方面，包括微软、谷歌、Oracle等诸多科技巨头，都在开展XAI相关技术研发。Gartner将XAI技术列为数据和分析技术领域的TOP10重要趋势之一。KDD、ICML、NIPS及IJCAI等著名国际性会议都有覆盖XAI话题的Workshop。

二、XAI 分类及技术概述

XAI的核心目标是让复杂的AI系统变得更加透明和可理解，从而增强用户的信任并促进更广泛的采纳。要实现这一目标，XAI的方法通常可以根据不同的标准进行分类。根据解释的模型依赖性，XAI可以分为模型特定的（Model-specific）解释和模型无关的（Model-agnostic）解释；根据解释的范围，XAI可以分为全局解释（Global）和局部解释（Local）；根据解释的阶段和方式，XAI可以分为内在解释（Intrinsic）与后验解释（Post-hoc）。

（1）内在解释：又称为"可解释性模型"，这类方法在模型设计阶段就已经考虑了可解释性。这些模型通常在本质上是透明的，例如线性回归、决策树等。这类方法通常是模型特定的，意味着它们只适用于特定类型的模型。

（2）后验解释：即建模后的可解释性。这种方法在模型训练完成后应用，通过分析模型的输出来解释决策过程。它可以是模型无关的，适用于各种复杂的黑盒模型，如深度神经网络。常见的方法包括LIME、SHAP、对抗性样本分析等。

图5-2是根据解释的阶段对XAI技术的一个粗略划分，并补充了建模前的可解释性实现。其中，建模前的可解释性能力主要是针对数据层面的分析技术，可以通过基本的统计数据分析方法及可视化方法，避免构建复杂的模型，或者辅助模型的构建。此类方法应用涉及范围广，但几乎不涉及更自动化的AI系统。本节后续介绍可解释的模型（内在解释）和建模后的可解释性（后验解释）的相关研究。

1. 可解释模型

可解释模型通常包括具备内在可解释性的机器学习算法、优化深度模型增强可解释性以及基于图的可解释性。

（1）具备内在可解释性的机器学习算法。此类算法可以通过简洁的统计特

```
                                                    ┌─ 可解释的数据探索，基于
                                        ┌─ 目标 ──┤   统计分析辅助决策
                                        │         └─────────────────
                                        │
                          建模前的可解释性┤         ┌─ 数据可视化技术
                                        │         │
                                        │         ├─ 可解释的特征工程
                                        └─ 方法 ──┤
                                                  ├─ 统计数据分析
                                                  │
                                                  └─ 其他

                                        ┌─ 目标 ──── 使用、开发内在可解释的模型
                                        │
                                        │         ┌─ 使用可解释的机器学习算法
可解释性AI技术 ──┤   可解释的模型 ────────┤         │
                                        │         ├─ 优化模型增强可解释性
                                        └─ 方法 ──┤
                                                  ├─ 基于图的可解释性，知识图谱等
                                                  │
                                                  └─ 其他

                                        ┌─ 目标 ──── 估计、推断模型决策流程
                                        │
                          建模后的可解释性┤         ┌─ 局部依赖图
                                        │         │
                                        │         ├─ 特征归因方法
                                        └─ 方法 ──┤
                                                  ├─ 代理模型
                                                  │
                                                  └─ 其他
```

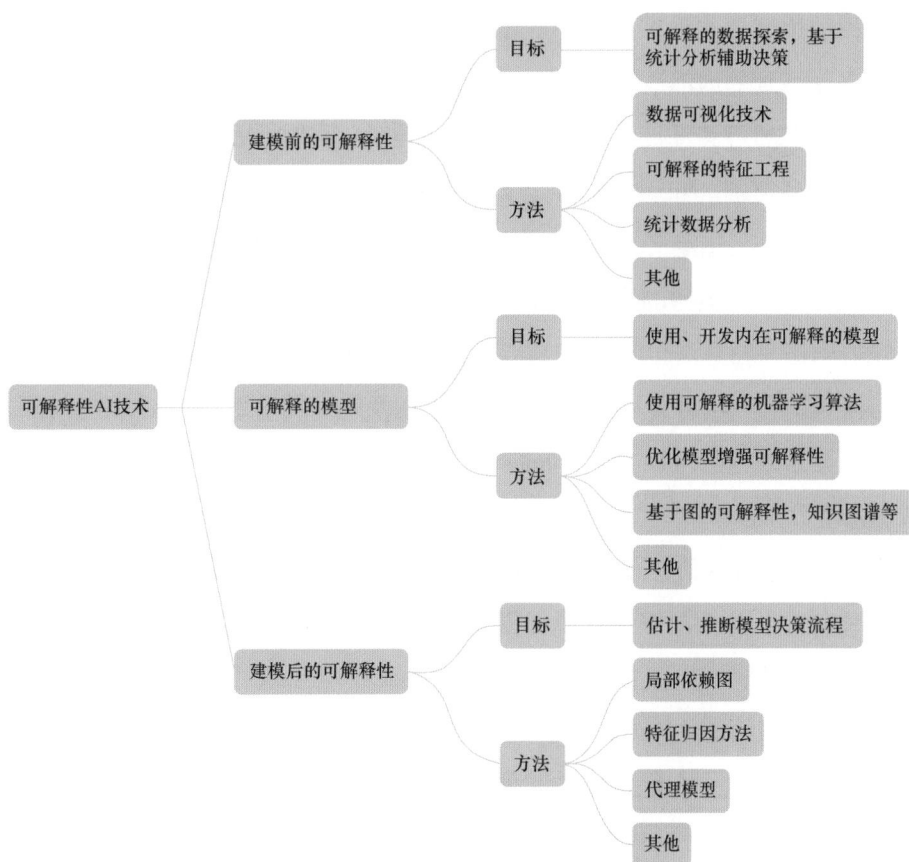

▲ 图 5-2 XAI 模型可解释性技术分类

性和可视化方法，辅助人发现数据的基本规律并完成决策。例如线性回归（Line arregression），模型学习到的参数能够直观反映其决策原理：相关特征以加权值的形式决定最终预测结果；KNN模型虽然非线性也不具备单调性，但其决策结果产生依赖最相似的K个实例，而这些实例是可被人理解的。但这些算法一般情况下难以胜任复杂的数据分析任务，只使用此类算法，可用场景将受到限制。

（2）优化的深度模型增强可解释性。针对深度学习可解释性的研究不同于一般的深度神经网络的层次可视化方法，而是需要考虑学习到的知识是否是人类更容易理解的。举例来说，为了使CNN模型具备可解释性，CVPR2017上研究者提出了 Interpretable CNN。通过添加损失函数，保证每个高层过滤器必须捕捉到一个确定的局部对象（object part），并且该局部对象包含在一个独立的对象类中；同时该过滤器只能被某对象的一个局部激活，从而保证了过滤器与局部对象的对应关系。该方法

让高层卷积的过滤器在训练过程中"记住"图像的局部特征，从而帮助模型使用者理解该CNN学习到的内部逻辑。

（3）基于图的可解释性。图结构及算法能够更自然地表达数据的关联，是具备可解释性的模型类别。知识图谱可定义为基于语义网络的知识库，通过点、边及其类型的本体化、语义化定义，规范某应用领域内的信息表达和知识结构。大部分XAI研究仅关注机器学习模型的可解释性，但AI技术不只通过机器学习、深度学习技术实现，知识图谱及图算法也是AI的重要组成部分，通过对关联世界的自然表达方法，图结构同样具备内在可解释性。因此，本节将图及知识图谱划分到XAI可解释的模型类别下。此类方法包括NoDoze、Holmes等。

2. 建模后的可解释性

建模后的可解释性研究是XAI研究的重点，该类研究一般将包含机器学习模型的AI系统看做黑盒，从而能够保证解释模型与方法和原AI系统之间是解耦的，保持解释层的模型无关性。

（1）部分依赖绘图（Partial Dependence Plot，PDP）。此类方法针对复杂模型，计算中考虑所有样本点，在保持样本其他原始特征值不变的条件下，计算某个特征值所有可能情况下的模型预测均值，从而描述该特征对模型预测的边际影响，以此可视化特征的重要性，描述特征与目标结果之间的关系。PDP的可视化结果非常的直观，并且全局性地分析了特征对模型输出的影响，但是其可解释性的可信度很大程度上依赖特征之间的相关性。

（2）特征归因（Feature Attribution）。特征归因是分析模型决策依赖于指定特征程度的一种度量。该方法符合人类直觉：特征重要性越高，则模型预测中越"依赖"该特征，从而能够直观发现特征对结果的影响。但仅说明哪些特征对模型的预测结果起到关键作用还不足以保证"可解释"，在此基础上，需要通过可解释层屏蔽模型的原始输入，呈现给人可解释的内容；否则模型选择的特征本身的可解释性就变得格外重要。此类方法包括LIME、LEMNA、DeepLift、SHAP及针对图神经网络的GNN Explainer、PG Explainer和PGM-Explainer等方法。

（3）全局代理模型（Global Surrogate Models）。此类方法能够提供整个模型的可解释性，而不仅仅是针对某个或某些个样本实例的解释。一种朴素的思路是，将原始数据集中的实际标签替换为黑盒模型的预测标签，生成新的样本集，在该样本集上，训练一个内在可解释的模型。显然该方法能够直观的解释复杂模型的决策流程，但是不可避免的丢失模型的预测性能，因为代理模型直接学习的是关于黑盒模型的知识，而不是原始数据本身的知识。

总体而言，建模后的可解释性技术通常与模型无关，在不同的应用场景下适应性较强，可作为独立的可解释层构建在现有的 AI 系统之上，无论是在研究中还是实际使用场景使用中都颇受欢迎，其中全局可解释性能够反映模型的整体运行机制，例如分析对整个模型来说，最关键的特征是什么，但是想要回答某个具体决策结果、预测结果的背后逻辑，还是需要依赖局部可解释性方法。

三、可解释的安全 XAI

AI 在许多领域发挥了实现高度自动化、大规模解放人力的功能，但在军事、金融、网安、医疗、法律等多个需要高质量决策的场景下，还难以放心进行大规模、深度地应用 AI 自动化方案。如今，探讨如何将人工智能与人类智能有机的结合，形成优势互补的良性闭环，已成为各界的共识。传统黑盒智能系统，已经难以满足"人—机"融合的需求。以网络安全场景为例，当前许多威胁检测引擎，如 Webshell 检测、SQL 注入检测等，使用基于机器学习或者深度学习的方法，能够取得较高的准确性。然而，其中部分模型不具备提供可解释性的能力，用户或研究人员只能得到告警而不知道告警为何而来，特别是当模型产出大量告警（误报）时，黑盒机器学习引擎的鲁棒性、可用性大幅降低。这导致诸多网络安全场景不得不继续依赖安全研究员的规则引擎，耗费大量人力物力。

当人们意识到不能完全依赖 AI 独立自动化地制定决策、完成行动时，可信任的智能系统就成为合作共赢的关键。信任的建立，依赖于 AI 系统本身的安全性、AI 系统不可取代的产能以及 AI 系统的透明程度、可理解程度等多个方面，而 XAI 所提供的可解释性正是这些信任基础的核心支撑技术之一。就安全场景而言，流量分析、用户实体行为分析、样本分析、威胁关联、自动化响应等等安全能力逐渐集成更高级的机器学习算法、图算法，但要实现高度智能化、自动化的安全系统，还有很长的路要走。为现有和未来的 AI 技术增强可解释性，建立可信任安全智能，是实现安全智能大规模应用的必由之路。

　　构建可信任的安全智能，核心问题不是研究 XAI 技术本身，而是如何将 XAI 技术及架构，融合到安全场景中，形成机器效率与专家经验融合的闭环，以辅助提升 AI 在安全研究、安全运维、攻防实战中的可用性。如果将人工智能的能力划分为感知—认知—行动三个层次，那么对应到安全能力，则可粗略划分成检测/评估—关联/决策—响应/反馈三个层次和阶段，如图 5-3 所示。在检测/评估层面，安全设备及系统完成相对独立的威胁检测、风险评估；在关联/决策层面，多源异构数据，包括机器检测、威胁情报与专家经验的全面融合关联，进而形成可行动的决策输出；在响应/反馈层面，融合的决策被执行，威胁事件、情报信息被处置处理，环境或人的反馈被获取。上述三个层次和阶段概念性地描述了安全能力自动化建设的基本生命周期，XAI 技术需要嵌入每个关键环节，提供可解释性接口与界面，打造可信任安全智能的基础。表 5-1 中列举了几个典型的 AI 安全能力及对应可补充的 XAI 技术。XAI 作为 AI 系统落地的必要条件之一，无论是构建安全 AI 还是 AI 辅助的安全自动化过程，可解释性都应该成为透明的、可信任的机器智能安全的标配，融合到技术设计与实现的框架内。

▲ 图 5-3　AI 技术与安全能力的层次划分

表 5-1　典型的 AI 安全能力及对应可补充的 XAI 技术

安全能力阶段	技术点	核心解释能力补充
检测/评估	流量威胁检测	模型无关的解释性、深度可解释性
检测/评估	恶意样本分析	模型无关的解释性、深度可解释性
检测/评估	误报对抗	建模前数据分析、模型无关的解释性
检测/评估	AI 对抗安全	深度可解释性

续表

安全能力阶段	技术点	核心解释能力补充
关联/决策	威胁关联及溯源	基于图的可解释性
关联/决策	攻击团伙分析	建模前数据分析、基于图的可解释性、深度可解释性
关联/决策	自动化指纹提取	模型无关的解释性
关联/决策	智能自动化决策	基于图的可解释性、深度可解释性
响应/反馈	自动化响应	模型无关的解释性、深度可解释性、人机交互界面
响应/反馈	行动推荐	基于图的可解释性、深度可解释性

为 AI 系统提供可解释性，是建立人对机器智能信任的关键，也是构建人-机智能融合闭环的重要工作。在网络信息安全领域，也越发需要可信任的安全智能，以实现高度自动化、智能化的系统，来延伸安全能力的触角。XAI 技术尚处在研究和应用的早期，在可解释性的量化评估、高可解释性技术、高可用人机交互模式、针对特定场景的可解释性系统等角度的研究亟待突破。可解释性的强化将逐渐推动人工智能系统迈向通用智能，并促进关键决策领域的自动化技术突破。

第二节
AI 模型优化策略

一、模型压缩

AI模型，尤其是深度学习模型，因含有高达数十亿个参数而需大量计算资源。模型压缩，主要技术如量化、蒸馏和剪枝，旨在减少模型大小和计算需求，以便高效运行于各类硬件上，包括资源有限的设备。这有助于降低成本、节能，并扩大AI技术的应用范围。

（一）量化（Quantization）

1. 训练后量化

训练后量化（post-trainingquantization，PTQ）算法将训练过的FP32网络直接转换为定点计算的网络，可以将其量化为FP16（16位浮点）、INT8（8位整数）、甚至将其量化为INT4或INT1，过程中无需对原始模型进行任何训练。只对几个超参数调整就可完成量化过程，量化模型以一种更有效的计算方式进行模型推理。量化后模型中的参数使用低bit表示，在数据搬移时降低了带宽要求，在计算过程中一般硬件对于低bit整形数据具有更高的标称算力，因此模型量化的优化方案在多数情况下可获得较大的推理速度提升，该方法已被广泛应用于大量的端侧和云侧部署场景。

PTQ可以使用Tensor Flow Lite（用于设备上推断的TensorFlow的部分）来执行，Tensor Flow Lite提供了在移动设备、嵌入式设备和IoT设备上转换和运行Tensor Flow模型的工具，它支持训练后量化和量化感知训练。另外，可以选择使用英伟达的TensorRT框架，该框架用于高性能深度学习推理的平台，它包括深度学习推理优化器，并且在运行时能够为深度学习推理应用程序提供低延迟和高吞吐量，此外，英伟达最近发布了具有最新优化功能的 Tensor RT6，具有更快的速度。Py Torch 最近也宣布了在其 1.3 版本中支持量化，尽管目前它还处于实验阶段，但已经可以使用了，在其教程中提到他们已经能够将动态量化应用于将模型权重转换为 INT8 的 LSTM 语言模型。此外，在面向 BERT 的量化 Q-BERT 工作中，Shen 等人甚至降低到 2-bit 的超低精度量化，但其性能相比于基线却没有显著下降（仅下降 2.3%），而对应的模型参数压缩率最高可以达 13 倍，嵌入表压缩率和激活的最高都为 4 倍。

2. 量化感知训练

另一个选项是量化感知训练（Quantization-aware-training，QAT），该方法由 Google 的 Jacob 等人提出，通过在训练过程加入了模拟量化，即在 PTQ 中模型训练和量化是分开的，而 QAT 则是在模型训练时加入了伪量化节点，用于模拟模型量化时引起的误差。因此，相对于 PTQ 而言，QAT 能够在量化模型后减少精度损失。

以 INT8 量化为例，QAT 处理流程为：

（1）首先在数据集上以 FP32 精度进行模型训练，得到训练好的 baseline 模型；

（2）在 baseline 模型中插入伪量化节点，得到 QAT 模型，并且在数据集上对 QAT 模型进行微调；

（3）伪量化节点会模拟推理时的量化过程并且保存微调过程中计算得到的量化参数；

（4）finetune 完成后，使用（3）中得到的量化参数对 QAT 模型进行量化得到 INT8 模型，并部署至推理框架中进行推理。

（二）知识蒸馏（Distillation）

蒸馏是一种将大型 "teacher" 网络的知识转移到较小的 "student" 网络的技术，训练学生网络来模仿教师网络的行为。Rich Caruana 及其合作者率先采用了这种策略，他们在先驱性的论文中提供了令人信服的证明：大型集成模型所获得的知识可以转移到单个小型的模型中。Geoffrey Hinton 等人也证明了这种技术可以应用于神经网络模型。

从 Hinton 开始，蒸馏的方法逐渐被应用到了不同的神经网络中。Hugging Face 提出了一种对 BERT 进行蒸馏的方法 Distil BERT。Distil BERT 是一种较小的语言模型，受BERT的监督而训练。在该模型中，作者删除了令牌类型嵌入和合并器（用于下一个句子分类任务），保持体系架构其余部分不变，将层数减少了两倍。它保留了95%以上的BERT性能，但参数减少了40%，推断时间减少了60%以上。Tiny BERT通过一种新的Transformer蒸馏方法，实现了对BERT知识的高效蒸馏，包括蒸馏嵌入层输出、Transformer层的隐藏状态和注意力矩阵，以及预测层的logits输出。它采用了一个两阶段学习框架，分别是通用蒸馏和特定任务蒸馏，旨在在大幅减小模型大小和缩短推理时间的同时，尽可能地保持接近BERT的性能。

除了Distil BERT和Tiny BERT外，还有其他一些为大家所熟知的蒸馏方法。Tang等人将BERT蒸馏到单层BiLSTM中，取得了与ELMo可比的结果，同时使用的参数减少了大约100倍，推理时间减少了15倍。BiLSTM-SOF是TBiLSTM的蒸馏，后者是在softlogit目标上训练出来的。Sun等人提出了一种耐心知识蒸馏的方法，首次尝试使用"Teacher"的隐藏状态，而不仅仅是最后一层输出。他们的"Student"模型从"Teacher"模型的多个中间层"耐心"地学习来获得更多知识。在他们的耐心蒸馏知识框架中，只训练"Student"模仿中间层的[CLS]令牌的表示形式。Zhao等提出了一种用于训练词汇量显著较小、嵌入和隐藏状态维度较低的"Student"模型的知识蒸馏技术。作者采用了双重训练机制，可以同时训练"Teacher"和"Student"模型，从而获得针对"Student"词汇的最佳词嵌入。该方法能够将BERT-base模型压缩60倍以上，而下游任务指标只有很小的下降，从而使得语言模型占用的空间仅有不到7MB。

（三）剪枝（Pruning）

模型剪枝是一种优化技术，通过减少神经网络中的参数和计算量来提高模型的效率，特别是在推理时。剪枝可以减小模型的存储需求，加快推理速度，并在某些情况下保持模型的性能。根据剪枝的方式，剪枝主要可以分为三种类型：结构化剪枝、半结构化剪枝和非结构化剪枝。

1. 结构化剪枝

结构化剪枝是指在网络的结构层面进行剪枝，通常以整个神经元、通道或层为单位进行剪枝。这种方法能够保持网络的整体结构，便于后续的硬件加速和优化。结构化剪枝的优点在于剪枝后模型仍然保持良好的可用性和可解释性，缺点在于无法对任意网络都能使用。

2. 半结构化剪枝

半结构化剪枝介于结构化和非结构化剪枝之间。这种方法通常在较小的结构单位（如卷积核或特征图）上进行剪枝，但不完全是单个参数的剪枝。半结构化剪枝能够在一定程度上保持模型的结构性，同时减少计算复杂度。

3. 非结构化剪枝

非结构化剪枝是指在参数级别进行剪枝，通常去除一些权重较小的参数。这种方法能够实现更高的剪枝率，但可能会导致模型结构的不规则性，影响计算效率。非结构化剪枝通常需要额外的操作（如稀疏矩阵运算）来处理剪枝后的模型。

对结构化剪枝的研究较多，同时较好理解，主要有 filter、channel 和 layer 三种类型，旨在以粗粒度方式减少 AI 模型的计算负担。Filter 剪枝关注于评估并去除卷积层中不重要的滤波器。这种方法的基本思想是识别和剪除那些对模型最终性能影响最小的滤波器。Li 等人通过评估并剪除不重要的 filter 来减少参数，采用 one-shot 剪枝与重训练相结合的方法以节省时间。Channel 剪枝的目标是减少卷积层中的通道数量。这种方法通常将通道选择问题建模为最小化特征图重建误差的优化问题。在这个过程中，Frobenius 范数和 LASSO 回归等技术被用来评估各个通道的重要性，并据此决定哪些通道应该被保留，哪些应该被剪除。这种方法的核心在于寻找一种平衡，以尽可能少的性能损失来减少模型的复杂性和计算需求。Layer 剪枝关注于模型结构的更高层次，即去除整个层。这种方法通过在模型的各个层之间添加缩放因子，并在训练过程中利用高级优化算法［如加速近端梯度（APG）算法］对这些因子进行评估和调整。基于缩放因子的大小，可以决定是否保留或剪枝某些层。这种方法允许根据任务的难度和具体需求，以更加定制化的方式进行模型压缩。这些方法共同为在保持模型性能的同时减少其大小和提高效率提供了多种途径。

二、能力集成

混合专家模型（Mixture of Experts，MoE）是一种模型设计策略，它通过将多个模型（称为"专家"）直接结合在一起，以获得更好的预测性能。在大模型中，MoE 方案可以有效地提高模型的容量和效率。一般而言，典型的 MoE 框架由一个门控子网络（Gatingnet work）和多个专家子网络（Expert Model）构成，门控子网络为输入

*x*计算各个专家网络输出所占的比重，然后采取加权求和的方式得到最终的输出；另有使用门控子网络对输入进行路由选择，即根据各个专家网络对应的门控值（Gating value），选择出Top-K个专家子网络参与当前输入的实际计算，这样可以显著降低计算量。在MoE架构中，有如下几种常见模式。

1. ST（Switch Transformer）

在Switch Transformer中，模型的每一层都是一个专家网络的集合，输入数据会被动态地路由到不同的专家进行处理，如图5-4所示。ST在Transformer模型中用一个稀疏的Switch前馈网络层（FFN）替换Transformer中存在的密集FFN层。该层独立地对序列中的标记进行操作，然后路由到多个FFN专家中。switchFFN层返回所选FFN的输出，乘以路由器阈值，最后进行合并。

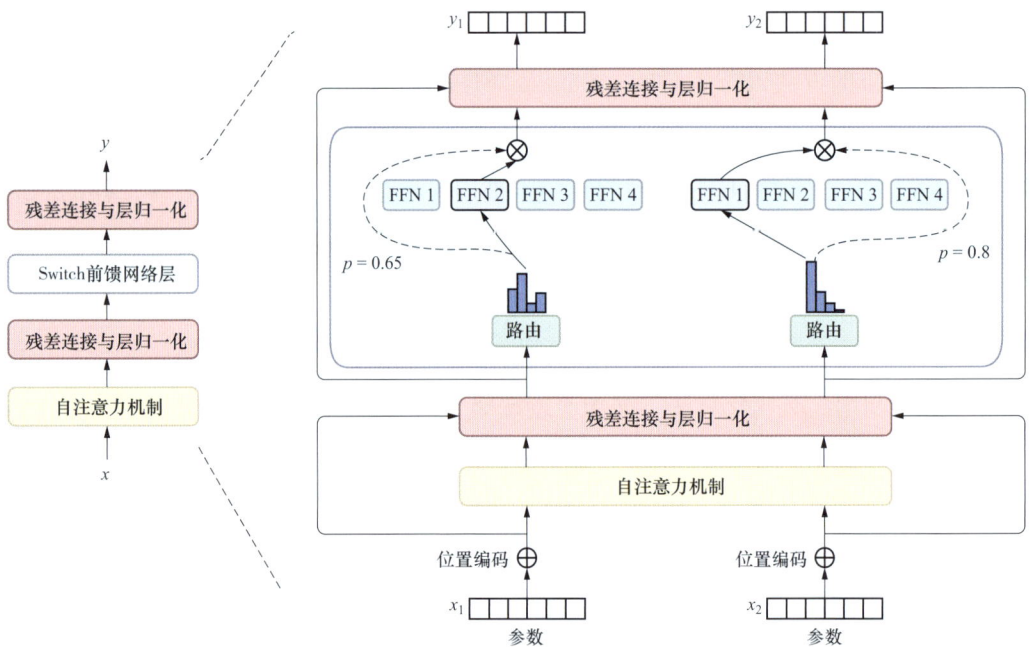

▲ 图 5-4　Switch Transformer 编码块

2. EC（Expert Choice）

Expert Choice名为专家选择，该方法通过设置一组具有预定缓冲区容量的专家，给专家分配给前k个令牌，产生一个令牌到专家的得分矩阵，然后用该矩阵做出路由决策。图5-5展示了传统MoE与EC MoE之间的架构区别。

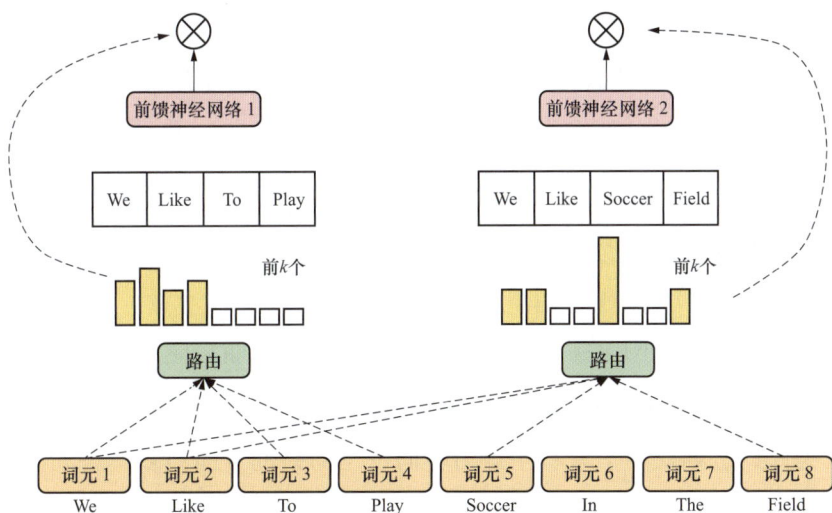

▲ 图 5-5 传统 MoE 和专家选择 MoE 之间的比较

3. GLaM（Generalist Language Model）

GLaM 称为通用语言模型，使用稀疏激活的混合专家架构来扩大模型容量，同时与密集型变体相比，其训练成本也大大降低。GLaM 的做法是在 Transformer 层之间加一个 MoE 层，其架构如图 5-6 所示。对于每个输入标记，门控模块会动态地从

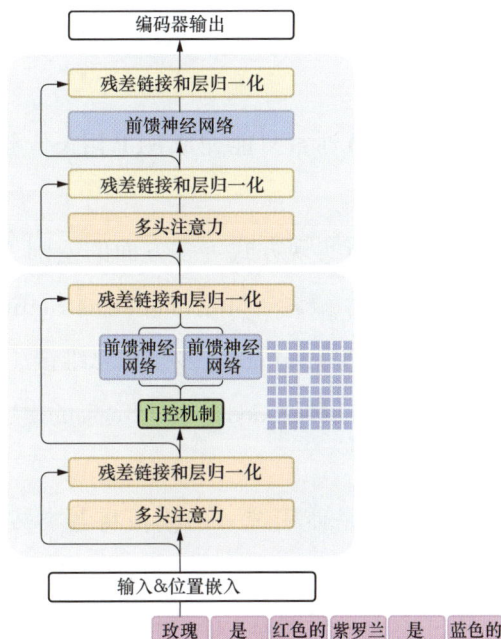

▲ 图 5-6 GLaM 模型架构

64个专家中选择两个最相关的专家，这两个专家输出的加权平均值将传递给上面的 Transformer 层。对于输入序列中的下一个标记，再选择两个不同的专家来达到平衡。

三、模型集成

尽管大语言模型在 NLP 领域取得了长足的发展，然而相应的模型与技术在多模态领域则较少探索，并且传统视觉–语言模型仍存在着泛化性不足以及缺乏推理能力等局限。为此，近期众多学者将注意力转向一个新兴的方向：多模态大型语言模型（Multimodal Large Language Models，MLLM）。MLLM 的主要思想是以 LLM 作为"大脑"对输入的多模态信息进行整合、推理、分析和决断，从而完成人类交付的任务。从发展通用人工智能的视角看，相比于 LLM，MLLM 又向前迈进了一步，且具有以下优点：

（1）更符合人类认知世界的习惯。人类具有多种感官，接受多种模态信息，这些信息常常是互补、具有协同作用的。因此，使用多模态信息一般可以更好地认知与完成复杂任务。

（2）更加强大与用户友好(User-Friendly)的接口。通过支持多模态输入，用户可以通过更加灵活的方式传达信息。

（3）更广泛的任务支持。LLM 通常只能完成 NLP 相关任务，而 MLLM 通过接入多模态可以完成更多任务。

根据 MLLM 背后的关键技术与实现方式等多方面的差别，将 MLLM 的相关工作总结划分为以下几类：多模态指令微调（MultimodalInstructionTuning），多模态上下文学习（Multimodal In-Context Learning），多模态思维链（Multimodal Chain-of-Thought），LLM 辅助的视觉推理（LLM–Aided Visual Reasoning）。

1. 多模态指令微调

多模态指令微调的基本做法是使用统一的模板将各类数据统一起来，并以指令的形式描述任务需求，形成多模态指令数据，再使用这种数据去微调 MLLM。由于训练与测试时的指令形式具有一致性，LLM 可以凭借其强大的语义理解和推理能力，更灵活地泛化到其他任务，获得强大的零样本学习能力。多模态指令数据的基本形式可以概括为<指令，多模态输入，回答>三元组。一种直观获得这种数据的方式是改造基准（Bench mark）数据集。以图像描述（Image Captioning）为例，如图5-7所示，原本的Caption数据样本包括一张图片和一段文字描述（Ground Truth），这种数据–GT的配对数据自然构成了指令数据的多模态输入和回答部分。指令部分则为相应任务的描述，一般由人工编写或者调用GPT生成。在进行多模态指令微调时，MLLM转化多模态输入并送入LLM中，LLM基于多模态信息与指令文本预测答案。

指令："描述这张图片"

输入：<图片>

回答："一只躺在草坪上的狗"

▲ 图 5-7　多模态指令数据示例

2. 多模态上下文学习

多模态上下文学习的核心思想是从类比中学习，通过学习例题，使得模型在遇到新的问题时，可以通过类比例题学习的基本思想与方法，从而解决新的问题。此外，例题还能规范回答格式，有利于得到正确的、符合预期要求的答案。如图5-8中的案例所示，通过对样例的学习，让模型预测3×7的计算结果。

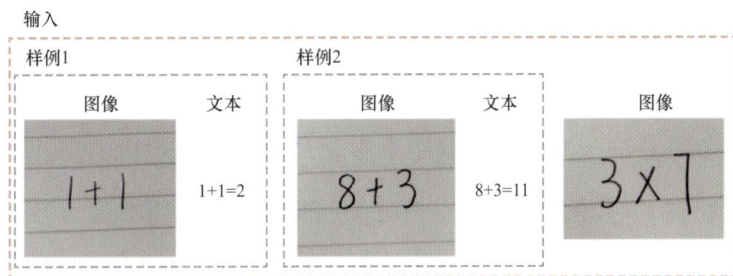

输入

样例1

图像　文本

1+1　1+1=2

样例2

图像　文本

8+3　8+3=11

图像

3×7

▲ 图 5-8　多模态上下文数据示例

3. 多模态思维链

思维链即一系列中间推理步骤，多模态思维链的基本思想是使模型学会逐步输出中间步骤，最后推理出最终答案，如图5-9所示。相比于直接输出答案的方式，思维链基于之前的推理步骤与结果，逐步导向最终答案，更符合人类推理习惯；同时，思维链能够将复杂问题分步求解，提高回答的准确性，适用于复杂的推理任务。

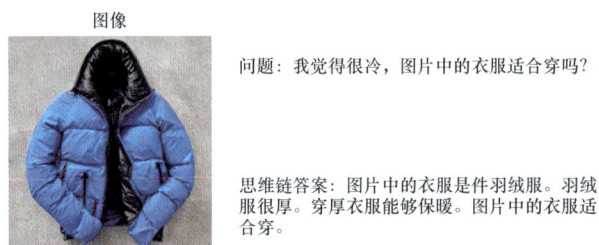

图像

问题：我觉得很冷，图片中的衣服适合穿吗？

思维链答案：图片中的衣服是件羽绒服。羽绒服很厚。穿厚衣服能够保暖。图片中的衣服适合穿。

▲ 图 5-9　多模态思维链数据示例

4. LLM 辅助的视觉推理

LLM辅助的视觉推理是指利用LLM作为决策与推理机构，调用各种多模态模型和工具并整合输出，以得到最后的答案。根据完成任务的方式一般可分为单轮模型与多轮模型。单轮模型的基本思想是由LLM作为规划器、调度器和决策器协调各个模型/工具完成任务，一般需要完成以下职能：

（1）规划器：将复杂任务分解为可解的子任务；

（2）调度器：将子任务派发给合适的模型/工具；

（3）决策器：管理子任务执行顺序，整合子任务结果得到最终答案。

多轮模型基于迭代的思想，不断积累视觉认知，直到足够自信得到最终答案。在这个过程中，LLM需要整合之前的步骤（提出的问题与已获得的视觉认知信息），判断是否可以输出最终答案。

第三节
AI 本体安全

尽管 AI 技术已经取得了长足的进步，但是其本身仍然存在一些普遍的网络安全隐患，例如算法后门嵌入、代码漏洞等问题。AI 本体安全风险指的是人工智能系统内在的潜在安全隐患，这些隐患可能对 AI 系统的功能、稳定性、隐私以及决策过程产生负面影响。

一、算法安全与对抗性防御

1. 算法风险

在人工智能技术迅速发展的今天，算法安全和健壮性已成为一个不可忽视的议题。算法面临的风险多种多样，这些风险不仅威胁到算法的有效性和可靠性，还可能给用户和社会带来不可预测的负面影响。算法方面的风险主要体现在以下几点。

（1）算法欺骗风险：在像自动驾驶这样的领域，黑客可能控制模型文件并对其进行恶意修改，这可能导致算法做出不可预测甚至危险的决策。例如，黑客攻击可能使车辆无法正确识别交通信号或路标，增加交通事故的风险。

（2）算法设计或实施错误：算法设计或实施错误可能导致与预期不符的结果，甚至对个人或社会造成实际伤害。举例来说，医疗诊断系统的错误判断可能导致错误的治疗方案，对患者健康造成危害。

（3）潜在偏见和歧视：算法中可能存在隐含的偏见和歧视，导致决策结果不公平。这可能会影响到许多领域，如贷款批准、招聘决策和法律裁决，使得决策结果不公正。

（4）算法黑箱问题：部分算法被称为"黑箱"，无法解释其决策过程，这使得人们难以理解和监督算法的工作原理，从而增加了监管和审查的难度。

（5）训练数据的噪声和偏差：包含噪声或偏差的训练数据可能会影响算法模型的准确性，导致模型在真实场景下的表现不佳，无法做出准确的预测或决策。

2. 对抗性攻击

对抗性攻击是一种利用 AI 模型中的漏洞和不足来破坏其学习过程的攻击手段，通常是生成对抗性样本，用于欺骗模型，针对算法实施。这些样本看起来与正常数据非常相似，但能导致模型错误地输出结果。

（1）攻击类型。攻击者采用多种方法生成对抗样本，如快速梯度符号方法（FGSM）、基于梯度的优化方法（BIM）、投影梯度下降（PGD）等，这些方法通过扰动原始数据来欺骗 AI 模型。根据威胁者对 AI 模型了解的不同程度，对抗性攻击可分为以下两种。

1）白盒攻击：攻击者深入了解 AI 模型的内部工作原理、规格、训练数据和详细参数，以此设计专门针对该模型的攻击方式。首先修改原始训练数据，使其与原始数据极为相似，但足以使 AI 模型产生不准确的输出。随后，攻击者评估攻击效果，通过为模型反馈对抗性示例来分析其输出。结果越不准确，攻击就越成功。

2）黑盒攻击：攻击者只能获取 AI 模型的输入和输出，无法了解其内部结构和参数。在这种情况下，攻击者使用基于元模型或迁移学习的技术生成对抗性样本。攻击者选择 AI 模型的输入目标，并添加精心设计的干扰信号，这些信号是不可见的但会使 AI 模型失效。攻击者根据模型输出结果不断调整样本，直至实现预期的对抗性结果。

（2）攻击方法。

1）投毒攻击：攻击者操纵 AI 模型的少量输入数据，破坏训练数据集和准确性。这种攻击可以通过多种方式实施，如错误更改数据标签、添加具有误导性的数据样本、更改数据特征值、篡改模型的学习算法或在模型中植入特定的触发条件。这些手段直接破坏了训练数据的真实性和完整性，影响了模型的学习过程，并可能导致模型在特定条件下产生预设的输出，而在处理常规数据时则表现正常。

2）逃避攻击：利用对抗性实例规避 AI 模型的异常检测系统，避免被系统发现。在自动驾驶或医疗诊断等应用中，逃避攻击导致的不准确结果可能带来严重后果。

3）传递攻击：攻击者不需要了解 AI 模型的参数，使用成功攻破的模型发起对抗性攻击。如果一个 AI 系统被训练用于处理对抗性样本，它可能将正常数据误分类为对抗性样本，这种模型攻破会威胁其他模型。

4）代理攻击：攻击者使用代理模式规避 AI 模型的安全防护系统，通过创建高度相似的代理模型，攻击者可模仿原始模型的结果、参数和行为。代理模型攻击常用于针对原始目标 AI 模型。

3. 对抗性防御

解决对抗性攻击问题是非常必要的。研究人员提出了一些技术性方法来提高算法和模型的鲁棒性。同时，也需要加强安全意识和技术防范措施，在实际应用中保障 AI 系统的安全和可靠性。

（1）对抗性训练：对抗性训练是指使用对抗性示例来训练 AI 模型，模型会被迫学习如何处理对抗性样本，提高模型的稳健性，让模型能够适应各种恶意输入。对抗训练是目前应用最广泛的一种防护方法。但是对抗性训练也存在一些问题，例如需要大量的计算资源和时间，并且可能会导致模型过度拟合等。

（2）数据净化：数据净化是指在数据输入模型之前，对其进行预处理，以减少或消除对抗性扰动的影响。这包括使用滤波、去噪技术等方法来清洗输入数据，旨在识别并修正那些可能被恶意修改的数据部分，从而保护模型不受对抗性攻击的影响。

（3）模型融合：模型融合是通过组合多个模型来提高整体系统的鲁棒性和准确性的一种策略。在面对对抗性攻击时，即使部分模型受到攻击，其他模型仍然可以保持正常运作，从而整体系统能够维持较高的稳定性和准确性。模型融合不仅增加了攻击者的攻击难度（因为他们需要同时欺骗多个模型），同时也提高了系统的容错能力。

（4）定期安全审计：定期进行安全审计是一种重要的维护和保障措施，以确保系统的安全性和可靠性。安全审计包括对模型、数据和系统的全面检查，以识别和修复潜在的安全漏洞。此外，通过审计可以评估现有防御策略的有效性，并根据最新的威胁情况更新防御措施。定期安全审计有助于及时发现问题并采取相应的预防或修复措施，从而保护系统免受对抗性攻击的影响。

二、数据安全与隐私保护

（一）数据风险

人工智能系统在处理和分析大量数据的过程中，自身也面临着数据风险。这些风险可能源于数据的不准确性、偏见、隐私泄露以及安全漏洞等方面。不准确或有偏见的数据可以导致人工智能做出错误或不公平的决策。

1. 人工智能自身面临的数据风险

（1）训练数据污染可导致人工智能决策错误。数据投毒通过在训练数据里加入伪装数据、恶意样本等破坏数据的完整性，进而导致训练的算法模型决策出现偏差。

（2）运行阶段的数据异常可导致智能系统运行错误。智能系统在面对实际应用环境时，可能遇到环境变化导致的非常规输入或故意构造的对抗样本，这些都可能导致系统运行异常或错误。

（3）模型窃取攻击可对算法模型的数据进行逆向还原。人工智能算法模型在部署应用中需要将公共访问接口发布给用户使用，攻击者可通过公共访问接口对算法模型进行黑盒访问，依据输入信息和输出信息映射关系，在没有算法模型任何先验知识（训练数据、模型参数等）情况下，构造出与目标模型相似度非常高的模型，实现对算法模型的窃取，进而还原出模型训练和运行过程中的数据以及相关隐私信息。

（4）开源学习框架存在安全风险，可导致人工智能系统数据泄露。人工智能开源学习框架集成了大量的第三方软件包和依赖库资源，相关组件缺乏严格的测试管理和安全认证，存在未知安全漏洞，攻击者可利用相关漏洞篡改或窃取人工智能系统数据。

2. 人工智能应用导致的数据风险

（1）人工智能应用可导致个人数据过度采集，加剧隐私泄露风险。随着各类智能设备（如智能手环、智能音箱）和智能系统（如生物特征识别系统、智能医疗系统）的应用普及，人工智能设备和系统对个人信息采集更加直接与全面，这些应用收集的信息包括人脸、指纹、声纹、虹膜、心跳、基因等，具备高度的个人特性，这些数据具有唯一性和持久性，一旦泄露或滥用将带来严重后果。

（2）人工智能放大数据偏见歧视影响，威胁社会公平正义。人工智能训练数据在分布性上往往存在偏差，隐藏特定的社会价值倾向，甚至是社会偏见，其决策结果势必威胁人类社会的公平正义。

（3）人工智能技术在进行数据深度挖掘与分析时，虽然极大促进了个性化服务和信息筛选的效率，但也导致了严重的数据隐私侵犯、消费者之间的不公平定价现象，以及加剧了社会信息孤岛和观点极化的"信息茧房"效应。这些问题不仅威胁到个人隐私安全和社会公平正义，还可能削弱社会整体的信息开放性和多元性，对社会治理和国家安全构成挑战。

（4）人工智能技术提升了网络攻击的智能化水平，也给予了黑客实施数据智能窃取的能力。一是可用来自动锁定目标，进行针对性的数据勒索攻击，这种攻击不仅速度更快，而且更难被防御措施所识别和阻止；二是可以自动生成大量虚假威胁情报，对分析系统实施攻击，使传统的威胁检测和响应系统超负荷运行，从而降低防御效果，使得真正的攻击更容易穿透安全防线。

（二）隐私保护

随着数据使用的不断增加，对隐私的威胁也日益严峻，因此，研究和实施有效的防范措施变得尤为重要。目前对隐私威胁有以下一些技术上的研究。

1. 对数据隐私的保护

（1）预测阶段的数据隐私保护算法。

在模型的预测阶段施加防御手段，意味着在模型对新输入数据进行预测时，采取特定算法或技术确保这些数据的隐私不被泄露，如 Mem Guard 算法。这可以通过对输入数据进行匿名化处理、差分隐私技术等方法实现，从而在不损害预测结果准确性的前提下保护数据隐私。

（2）训练阶段的数据隐私保护算法。

在模型的训练阶段施加防御手段是指，在模型学习参数以最佳拟合训练数据集的过程中，采用特定的技术和方法来保护训练数据的隐私安全。一种常见的方法是使用差分隐私技术，如 DP-SGD 中使用的那样，通过在数据或算法中加入随机噪声，从而在保护个体数据隐私的同时允许数据集的整体特性被学习。

2. 对模型版权的保护

数字水印（digital water mark）是一种用于保护模型版权的技术，它允许模型开发者在模型中嵌入一个隐形标记或模式，这个标记对模型的性能影响微乎其微，但可以用来证明模型的所有权。这对于防止模型被未经授权的第三方复制和使用尤其重要。通过数字水印，即使模型被盗用，原始开发者也能通过提取并验证水印来证明其版权所有。

此外，还有一些管理和使用上的通用策略可以对数据隐私起到保护作用。

（1）数据收集与管理。智能系统应采纳道德的数据处理实践，优先考虑个人隐私的保护。这包括只收集必需的数据、确保获得个人的知情同意，并实施技术措施如加密、防火墙、入侵检测系统以及定期系统更新来降低数据泄露和未经授权访问的风险。通过数据匿名化和假名化方法，和采用增强隐私技术，如同态加密或数据屏蔽，可以在处理和分析过程中进一步保护数据安全。

（2）访问控制和授权。为了防止未经授权的数据访问，系统必须实施严格的访问控制和用户验证措施。这涉及基于角色的访问权限设置，只允许授权人员查看或处理数据，以及采用密码、生物特征验证或多因素认证等安全措施来增强账户安全。此类措施对于防止数据盗窃和保护敏感信息至关重要，确保只有具有适当授权的人员才能访问关键数据和系统资源，从而维护数据的完整性和保密性。

（3）安全通信和数据传输。随着数据泄露事件的增加，系统必须在通信和数据传输过程中采取严格的安全措施来保护个人数据。这包括使用安全的数据传输协议如传输层安全（TLS）和安全套接字层（SSL），以及实施端到端加密，确保数据在传输过程中免受窃听和篡改。此外，系统应采取安全存储解决方案、定期备份和强化访问控制措施，来防止数据丢失、损坏或遭到未经授权的访问。

（4）法规遵从性和治理。在全球范围内，隐私法规和标准如GDPR和CCPA对于保护个人数据提出了严格的要求。系统不仅需要确保遵守这些法规，还必须通过实施综合的数据治理策略和程序，确保个人数据的安全管理。这涉及从数据收集、保留、存储到访问控制和定期审计的全方位管理。通过建立一种数据隐私文化和展示对道德商业行为的承诺，系统能够赢得用户信任，并确立其作为行业领导者的地位。

三、滥用风险与伦理问题

AI本体安全还涉及滥用和伦理问题。创建符合伦理标准的AI系统，避免潜在的偏见和不公平现象，是确保AI应用广泛接受和可持续发展的基础。

1. 人工智能技术滥用带来的安全风险

AI应用一旦被不当使用或滥用，可能对国家安全、政治稳定、社会秩序等方面产生严重影响。

（1）国家政治军事风险。首先，可能因民族或政治偏见引起严重的不公平问题。Chat GPT等AI应用在处理具有复杂历史背景的问题时，可能对不同政治信仰、国家、种族、团体、人群或个人表现出不公平的倾向，甚至与美国官方立场保持一致。其次，基于用户画像的情报收集和政治主张影响也是潜在风险。AI平台通过收集个人信息进行画像，可能获取涉敏人员的信息，并通过诱导或黑客技术等手段获取其设备上的敏感信息。另外，AI可基于用户画像深度引导并传播特定政治主张，影响用户对党和国家政策的认知。最后，AI在军事决策和应用上的辅助可能导致意想不到的风险。未来搭载AI应用的真人或机器人可在战场上实时响应战术信息，从而极大提升战斗能力，但也可能带来新的战争法律和道德议题。

（2）不良信息传播风险。AI应用中内容过滤机制不完善会导致不良信息的传播。尽管AI应用对内容进行了过滤，但多媒体内容识别技术不足、监控策略不完善等问题可能导致过滤机制被绕过，使得涉及政治、诈骗、身份伪造、淫秽等不良信息得以传播。另外，AI生成的不良信息可能误导或诱导用户，使其产生错误认知。

（3）网络攻击利用风险。AI协助黑客提高网络攻击技术与能力是一个严峻挑战。随着AI技术的进步，攻击方可利用AI更快速、更精准地发现漏洞，发起更隐秘的攻击。AI的代码生成能力也使黑客能够更轻松地设计、编写和执行恶意代码与指令。此外，攻击者可利用社交媒体等来源的文本数据，训练AI模型生成极具说服力的网络钓鱼信息，诱骗受害者泄露敏感信息。这些潜在威胁需要引起高度警惕，保障AI应用的安全性至关重要。

2. 人工智能应用伴生的社会伦理风险

AI应用的迅速发展，也带来了违反正常社会秩序和伦理的风险。一是引发AI替代人类工作的失业恐慌情绪。Chat GPT能够完成文本创作、代码编写、方案策划等任务，这可能导致相关行业从业者担心自己的就业前景，因为AI技术的发展对人类工作岗位构成了一定程度的竞争压力。二是引发AI生成内容的知识产权问题。基于ChatGPT收集、训练、引用或生成的艺术作品、代码等内容，可能与原有的知识产权存在冲突。因此，亟需建立新的社会契约和法律制度来规范这些新兴技术在知识产权方面的应用。三是影响正常社会秩序。Chat GPT可能被用于代写作业、协助作弊或代写论文等不当行为，从而扰乱正常的社会秩序和教育系统运作。这可能会对社会的学术诚信和教育品质产生负面影响。这些风险需要审慎对待，特别是在推广和使用AI技术时，需要结合法律、伦理和社会准则来规范其发展和应用。

虽然人工智能技术为带来了前所未有的便利和效率，但在其应用过程中，算法偏见、数据隐私泄露等风险也不容忽视。如何有效抵御这些风险，保障人工智能技术的健康发展，不仅需要技术层面的创新和完善，还需法律、伦理和社会多方面的共同努力。针对这些风险的人工智能研究，无疑是未来人工智能发展中不可或缺的一大探索方向，它关系到人工智能能否持续为人类社会带来正面影响，实现可持续和谐发展。

附录 A
名词及概念

A1 模型评估指标

1. 接收者操作特征曲线（Receiver Operating Characteristic Curve，ROC）

ROC曲线是一种统计图表，用于评估分类模型的性能。它通过绘制不同阈值下的真正率（True Positive Rate,TPR）对假正率（False Positive Rate,FPR）的图形来展示。TPR也称为灵敏度，表示所有实际为正的样本中被正确预测为正的比例，计算公式为：TPR=TP/(TP+FN)，其中TP是真正例，FN是假反例。FPR表示所有实际为负的样本中被错误预测为正的比例，计算公式为：FPR=FP/(FP+TN)，其中FP是假正例，TN是真反例。

ROC曲线可以帮助模型选择合适的分类阈值，以平衡真正率和假正率。假设有一个网络安全异常检测模型，用于识别网络中的恶意活动。模型会根据各种特征计算每个网络事件的异常得分。通过调整得分阈值，可以得到一系列的TPR和FPR值，并在ROC曲线上绘制这些点。

2. 曲线下面积（Area Under the Curve，AUC）

AUC是ROC曲线下面积的大小，用来量化ROC曲线的性能。AUC衡量的是模型将正样本排在负样本前面的能力，不依赖于特定的阈值。通常，AUC的值范围从0.5到1，值越大表示模型的分类性能越好。如图A.1所示，展示了一个典型的ROC曲线和AUC，用于评估分类模型的性能。ROC曲线（橙色线）显示了模型在不同阈值下的表现，其下方的面积（AUC）为0.84，表明模型具有良好的分类能力。基准线（蓝色虚线）代表随机猜测的性能，即AUC为0.5。

在网络安全中，异常事件通常比正常事件少得多，AUC 是一个更为可靠的性能指标，因为它不受到类别分布的影响。继续网络安全异常检测的例子，如果计算得到该模型的 AUC 值为 0.95，这意味着在随机选择一对异常事件和正常事件时，模型有 95% 的概率能够正确地将异常事件的预测得分排在正常事件之前。ROC 曲线和 AUC 示意图如图 A.1 所示。

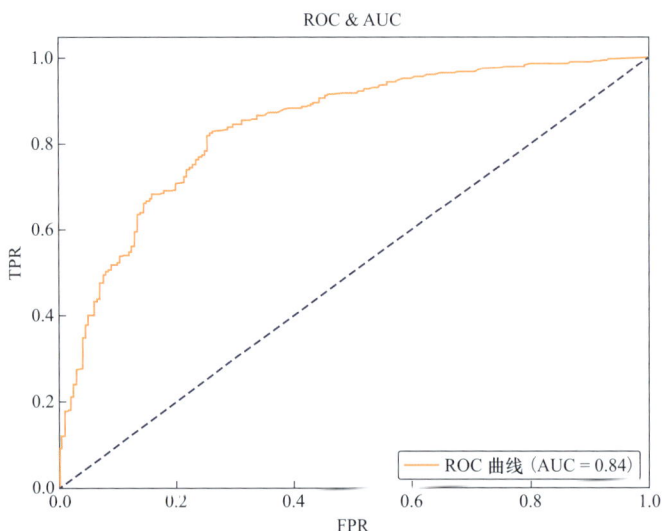

▲ 图 A.1　ROC 曲线和 AUC 示意图

A2 深度学习编程基本概念

一、交叉熵、互信息等介绍

1. 熵（Shannon Entropy）

熵又称为"香农熵"或"信息熵"，是一个随机变量不确定性（信息量）的度量，也可理解为随机变量在信息系统中的编码长度。对于离散型随机变量 $X \sim p(x)$，其信息可定义为

$$H(X) = -\sum_{x \in X} p(x) \log p(x) \tag{A.1}$$

在熵正则化中，主要思想是利用信息熵衡量模型的 Class Over lap（分类重合度）。熵越大，类别间重合度越大，模型分类的随机性越强，分类效果越差。因此，目标函数中引入信息熵作为个正则项：

$$C(\theta,\lambda)=L(\theta)-\lambda H(y|x) \qquad (A.2)$$

最大化目标函数，即熵最小化。

2. 交叉熵（Cross Entropy）

两个概率分布 p 和 q，其中 p 表示真实分布，q 表示非真实分布，在相同的一组事件中，用非真实分布 q 来表示某个事件发生所需要的平均比特数，即用分布 q 表示目标分布 p 的困难程度：

$$H\left(p,q\right) = -\sum_{x \in X} p(x)\log q(x) \qquad (A.3)$$

可以注意到，

$$D_{KL}(p\|q)=H(p,q)-H(p) \qquad (A.4)$$

当目标分布 p 固定不变时，$H(p)$ 为常量，因此最小化交叉 $H(p,q)$ 等价于最小化这两个分布的相对熵 $D_{KL}(p\|q)$，即让模型训练得到的分布尽可能地接近真实分布。

3. 相对熵（Relative Entropy）

相对熵又称为"信息散度"或"KL散度"，是两个概率分布间差异的非对称性度量，即这两个分布间的"距离"，等价于两个概率分布的信息熵的差值。对于离散型随机变量的两个不同概率分布 $p(x)$ 和 $q(x)$，p 对 q 的相对熵可定义为：

$$D_{KL}\left(p \| q\right) = \sum_{x \in X} p(x)\log\frac{p(x)}{q(x)} = \sum_{x \in X} p(x)\log p(x) - \sum_{x \in X} p(x)\log q(x) \qquad (A.5)$$

假设一个概率分布为真实分布，另一个为理论（拟合）分布，相对表示使用理论分布拟合真实分布时产生的信息损耗。

4. 互信息（MutualInformation）

互信息表示一个随机变量中包含的关于另一个随机变量的信息量，或者说是一个随机变量由于已知，另一个随机变量而减少的不确定性（缩减的信息量）。对于两个随机变量 X 和 Y，设 X 的先验概率为 $p(x)$，后验概率为 $p(x|y)$，则定义 X 的后验概率与先验概率值的对数为 Y 对 X 的互信息量：

$$I(X;Y)=H(X)-H(X|Y) \qquad (A.6)$$

最小化互信息，即最小化随机变量的不确定性。设这两个随机变量的联合分布为

$p(x,y)$，边缘分布为$p(x)$和$p(y)$，展开可得，

$$I(x;y) = \sum_{x \in X} \sum_{y \in Y} p(x,y) \log \frac{p(x,y)}{p(x)p(y)} = D_{\text{KL}} \left[p(x,y) \| p(x)p(y) \right] \quad （\text{A.7}）$$

即互信息是联合分布与边缘分布的相对熵。

二、epoch、batch 等介绍

本节介绍在机器学习、深度学习的神经网络模型中，epoch、batch、batch size、step 与 iteration 等名词的具体含义。

（1）epoch：表示将训练数据集中的所有样本都过一遍（且仅过一遍）的训练过程。在一个 epoch 中，训练算法会按照设定的顺序将所有样本输入模型进行前向传播、计算损失、反向传播和参数更新。一个 epoch 通常包含多个 step。

（2）batch：一般翻译为"批次"，表示一次性输入模型的一组样本。在神经网络的训练过程中，训练数据往往是很多的，比如几万条甚至几十万条——如果一次性将这上万条的数据全部放入模型，对计算机性能、神经网络模型学习能力等的要求太高了；那么就可以将训练数据划分为多个 batch，并随后分批将每个 batch 的样本一起输入到模型中进行前向传播、损失计算、反向传播和参数更新。但要注意，batch 这个词不常用，多数情况大家都是只关注 batch size 的。

（3）batch size：一般翻译为"批次大小"，表示训练过程中一次输入模型的一组样本的具体样本数量。前面提到了，在神经网络训练过程中，往往需要将训练数据划分为多个 batch；而具体每一个 batch 有多少个样本，那么就是 batch size 指定的了。

（4）step：一般翻译为"步骤"，表示在一个 epoch 中模型进行一次参数更新的操作。通俗地说，在神经网络训练过程中，每次完成对一个 batch 数据的训练，就是完成了一个 step。很多情况下，step 和 iteration 表示的是同样的含义。

（5）iteration：一般翻译为"迭代"，多数情况下就表示在训练过程中经过一个 step 的操作。一个 iteration 包括了一个 step 中前向传播、损失计算、反向传播和参数更新的流程。当然，在某些情况下，step 和 iteration 可能会有细微的区别——有时候 iteration 是指完成一次前向传播和反向传播的过程，而 step 是指通过优化算法对模型参数进行一次更新的操作。但是绝大多数情况下，就认为二者是一样的即可。

以上是对这些名词的解释，下面通过一个实际例子来帮助大家更好地理解。假设现在有一个训练数据集（这个数据集不包括测试集），其中数据的样本数量为1500。那么，将这1500条数据全部训练1次，就是一个epoch。其中，由于数据量较大，因此希望将其分为多个batch，分批加以训练；决定每1批训练100条数据，那么为了将这些数据全部训练完，就需要训练15批——在这里，batch size就是100，而batch就是15。而前面提到，每次完成对一个batch数据的训练，就是完成了一个step，那么step和iteration就也都是15。以上是对这一数据集加以1次训练（1个epoch）的情况，而一般情况下肯定是需要训练多次的，也就是多个epoch。假设需要训练3个epoch，相当于需要将这1500个样本训练3次。那么，step和iteration都会随着epoch的改变而发生改变——二者都变为45，因为15×3。但是，batch依然是15，因为其是在每一个epoch的视角内来看待的，和epoch的具体大小没有关系。

三、GPU 多卡并行训练介绍

1. 多 GPU 并行训练

简单来说，使用多GPU并行训练的原因有两种：第一种是模型在一块GPU上放不下，两块或多块GPU上就能运行完整的模型（如早期的AlexNet）；第二种是多块GPU并行计算可以达到加速训练的效果。

2. 常见的多 GPU 训练方法

常见的多GPU训练方法主要有以下两种。

（1）模型并行方式：如果模型特别大，GPU显存不够，无法将一个显存放在GPU上，需要把网络的不同模块放在不同GPU上，这样可以训练比较大的网络，见图A.2左半部分所示。

（2）数据并行方式：将整个模型放在一块GPU里，再复制到每一块GPU上，同时进行正向传播和反向误差传播。相当于加大了batch_size，见图A.2右半部分所示。

在pytorch1.7+cuda10+TeslaV100的环境下，使用ResNet34，batch_size=16，SGD对花草数据集训练的情况如下：使用一块GPU需要9s一个epoch，使用两块GPU是5.5s，8块是2s。这里有一个问题，为什么运行时间不是9/8 ≈ 1.1s？因为使用GPU数量越多，设备之间的通信会越来越复杂，所以随着GPU数量的增加，训练速度的提

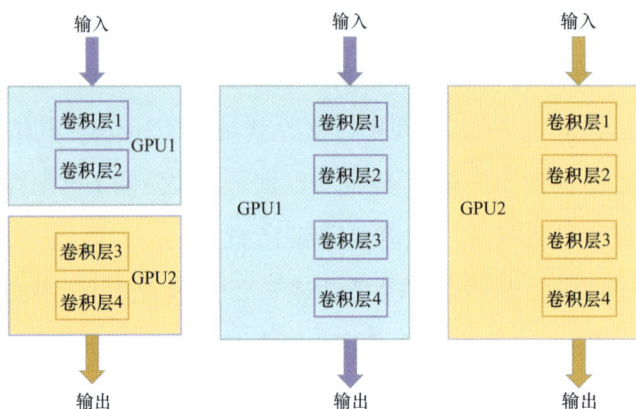

▲ 图 A.2　多 GPU 训练方法

升也是递减的。

3. 误差梯度在不同设备之间的通信方式

在每个 GPU 训练 step 结束后，将每块 GPU 的损失梯度求平均，而不是每块 GPU 各计算各的。

4. BN（Batch Normalization）在不同设备之间的同步方式

假设 batch_size=2，每个 GPU 计算的均值和方差都针对这两个样本而言的。而 BN 的特性是：batch_size 越大，均值和方差越接近于整个数据集的均值和方差，效果越好。使用多块 GPU 时，会计算每个 BN 层在所有设备上输入的均值和方差。如图 A.3 所示，如果 GPU1 和 GPU2 都分别得到两个特征层，那么两块 GPU 一共计算 4 个特征层的均值和方差，可以认为 batch_size=4。注意：如果不用同步 BN，而是每个设备计算自己的批次数据的均值方差，效果与单 GPU 一致，仅仅能提升训练速度；如果使用同步 BN，效果会有一定提升，但是会损失一部分并行速度。

单 GPU 以及是否使用同步 BN 训练的三种情况，使用同步 BN 比不使用同步 BN 总体效果要好一些，不过训练时间也会更长。使用单 GPU 和不使用同步 BN 的效果是差不多的。

5. GPU 训练方法

GPU 训练方法通常包括 Data Parallel 和 Distributed Data Parallel 两种。Data Parallel 是单进程多线程的，仅仅能工作在单机中。而 Distributed Data Parallel 是多进程的，可以工作在单机或多机器中。DataParallel 通常会慢于 Distributed Data Parallel，所以目

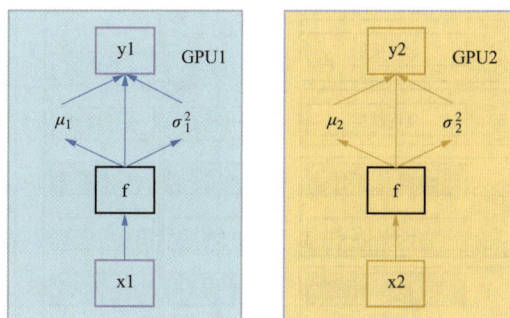

▲ 图 A.3　两个 GPU 同时训练

前主流的方法是 Distributed Data Parallel。

6. pytorch 中常见的 GPU 启动方式

如图 A.4 所示，pytorch 中常见的 GPU 启动方式有两种，torch.distributed.launch 和 torch.multiprocessing。每种方式各有特点，可以根据实际的需求来选择。

注：distributed.launch 方法如果开始训练后，手动终止程序，最好先看下显存占用情况，有小概率进程没 kill 的情况，会占用一部分 GPU 显存资源。

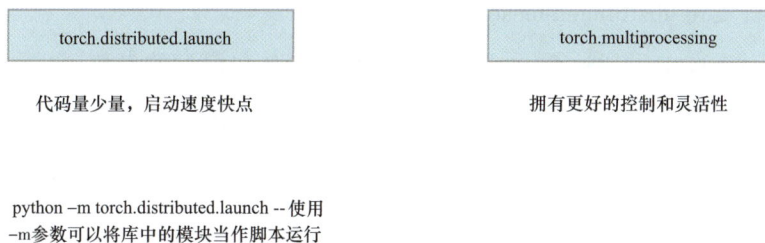

torch.distributed.launch	torch.multiprocessing
代码量少量，启动速度快点	拥有更好的控制和灵活性

python –m torch.distributed.launch -- 使用
–m参数可以将库中的模块当作脚本运行

▲ 图 A.4　pytorch 中常见的 GPU 启动方式

7. 单机多卡并行

单机多卡并行的方式主要分为以下三类。

（1）数据并行：将一个 batch 分到不同的 GPU 上，每个 GPU 上有完整的模型。

（2）模型并行：将模型分为几个部分，一个 GPU 计算一部分，通常适用的场景是：模型太大，无法完全仿制在一个 GPU 上。

（3）通道并行：将通道维拆分到不同的 GPU 上。

图 A.5 展示了相应的示例。

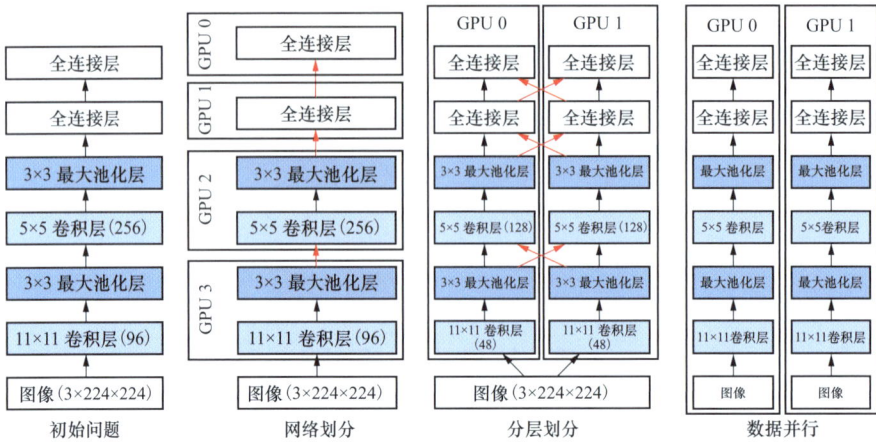

▲ 图 A.5　单机多卡并行示例

数据并行是将小批量分成 n 块，每个 GPU 拿到完整参数计算一块数据的梯度，通常性能更好。步骤如下：

（1）将 batch 划分成 k 份 mini-batch subset；

（2）每个 GPU 在 minibatch subset 上计算 loss 和参数的梯度；

（3）将来自 k 个 GPU 的梯度加总的梯度；

（4）将梯度 re-distributed toeach GPU；

（5）每一个 GPU 利用这个 minibatch 的梯度更新各自模型的参数。

数据并行的直观解释如图 A.6 所示。这样，可以 batchsize 提高维原来的 k 倍，也可以提高学习率。注意，需要对 BN 层进行调整：每个 GPU 拥有独立的 batch normalization coefficient。

8. batch_size 越大，训练的有效性反而降低的原因

batch_size 越大，训练的有效性降低是指达到相同的精度，大 batchsize 需要更多的 epoch 数。一个极端的情况是，如果整个数据集为 n，但是 n 个图片都是同一张图片。batchsize 无论取多大，梯度都是一样的。因此，batch 的多样性是很重要的。

直观地来讲：如果一个数据集的多样性较低，一个小的 batch 和一个很大的 batch 的样本的多样性相当，得到的梯度近似相等。如果一个数据集的多样性很高，一个小 batch 的数据多样性小于一个大 batch 的样本多样性，此时增大 batch_size 可以提高收敛速度。总的来讲，对于一个特定的数据集，随着 batch_size 的增大，所带来的边际多样性不断下降。极端地讲，在 batch 很大时，batch_size1 和 batch_size2 可能带来的梯度是差不多的。

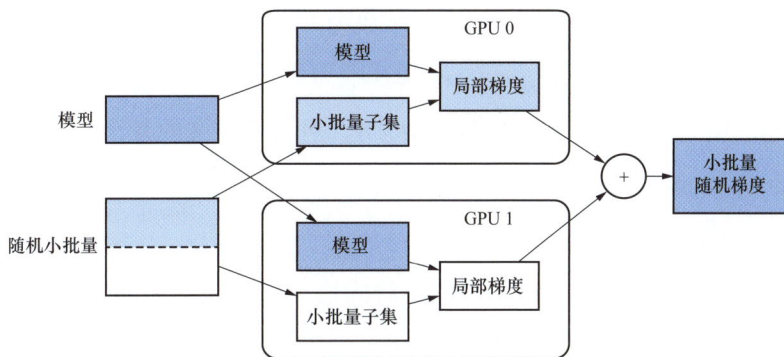

▲ 图 A.6　数据并行示例

　　数据集越复杂，所使用的batch size上限可以越大。实际工作中，有研究人员建议batch size一般最大可以设置为10×类别数。当然，如果采用batch_size为1，则会得到更好的效果。

四、GPU 显存和 batch size 的关系

1. 神经网络显存占用

本节将以如式（A.8）所示的全连接网络为例进行讲解，其中$X \in R^{n \times m}, W \in R^{b \times n}$是模型的参数，$Y \in R^{b \times m}$是模型的输出

$$Y=WX \tag{A.8}$$

式中

W　　——模型参数；

X，Y　——模型的输入输出。

　　从式（A.8）中可以看出显存的占用主要分为模型参数及模型的输入输出，优化所需的梯度，即dW；优化器参数，如动量等。下面将对上述的4个方面进行详细讲解其与batch size的关系。

　　（1）模型参数。

　　在模型中只有有参数的层，才会有显存占用。这部分的显存占用和输入无关，模型加载完成之后就会占用。对于一个特定的模型，模型参数占用显存是固定的，与batch size无关。通常模型的参数层包括：

1）Embedding层：通常为一个矩阵，参数为$N \times M$；

2）卷积层：参数为$C_{in} \times C_{out} \times k \times k$，$k$其中为卷积核大小；

3）全连接层：是一个矩阵，参数为$M \times N$，可参考前文的W；

4）BatchNorm(N)：参数为N。

（2）模型的输入输出。

注意此处所述的输出不仅仅是模型最后的输出，还包括中间输出，主要表现为各层中间输出的特征。由于当输入的batch size扩大n倍后，输出的矩阵同样扩大n倍，如表A.1所示2和4分别是batch size的大小，c是通道数，m，n分别为图像尺寸，因此模型输出的显存占用，需要计算每一层的feature map的形状（多维数组的形状），显存占用与batchsize成正比。

表A.1　模型的输入输出参数

输入形状	输出形状
$[2,c,m,n]$	$[2,c_1,m_1,n_1]$
$[4,c,m,n]$	$[4,c_1,m_1,n_1]$

（3）优化器和梯度。

以SGD为例对模型进行优化，则参数更新如式（A.9）所示：在SGD中除了要用到参数w还要用到梯度$F(wt)$，而梯度就是对参数进行求导，梯度占用的显存和参数占用内存相同（参数显存$\times 2$）。

$$w_{t+1}=w_t-\alpha \nabla F(w_t) \tag{A.9}$$

当换成Momentum-SGD时，由于除了梯度还需要计算动量［见式（A.10）］，所以占用的显存更多，动量占用的显存和参数占用的显存相同（参数显存$\times 3$）。

$$v_{t+1}=pv_t+\nabla F(w_t) \tag{A.10}$$
$$w_{t+1}=w_t-\alpha v_{t+1}$$

当换成Adam优化器时，Adam算法将动量法和RMSprop结合，Adam中对一阶动量也是用指数移动平均计算［见式（A.11）］，占用显存更多，大约为参数显存$\times 4$。

$$v_t \leftarrow \beta_1 v_{t-1}+(1-\beta_1)g_t s_t \leftarrow \beta$$
$$2s_{t-1}+(1-\beta_2) \odot g_t \tag{A.11}$$

2. 计算量

对于全连接网络，假设输入维度为 M，输出维度为 N，batch size 为 B，那么计算量为 $B \times N \times M$。

卷积网络的计算量为 $B \times HWC_{out} \times C_{in}K^2$，计算过程如图 A.7 所示。

输出为 $H \times W$
卷积核为尺寸 K
输入通道数 C_{in}
输出通道 C_{out}

$$B \times HWC_{out} \times C_{in}K^2$$

输出点的个数　　计算每个点的浮点运算量

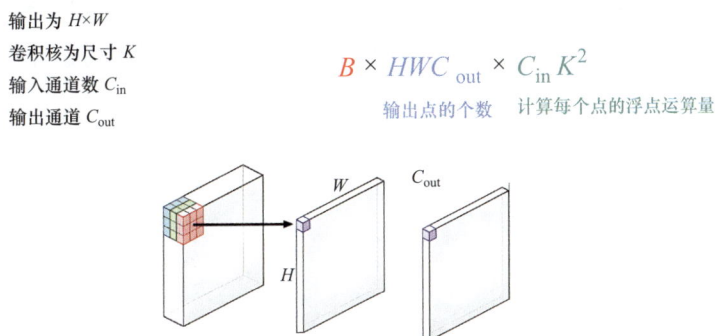

▲ 图 A.7　卷积网络计算过程

池化层的计算量为 $B \times HWC \times K^2$，计算过程如图 A.8 所示。

卷积核大小: K,
输入通道数 C_{in}
输出特征图尺寸 $H \times W$

$$B \times HWC \times K^2$$

输出点的个数　　计算每个点的乘法

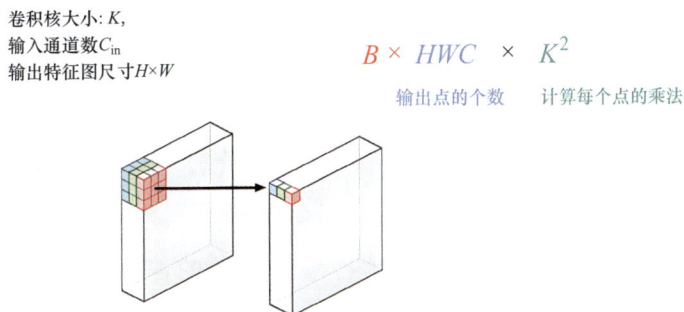

▲ 图 A.8　池化层计算过程

A3 矩阵低秩及其在 LLM 的应用 –LoRa

一、矩阵低秩

首先来思考，什么是"秩"？举个例子就很容易理解，大家排队买票，如果大家互相不认识，那就会一个排一个，非常有秩序。然而，如果突然来了一个与队伍前面的人认识的人，这个人又不自觉排队，非要插队。那后面的人肯定要有意见了，若大家都插队的情况下，整个队伍就会出现混乱，最终导致所有人都买不到票。

通过这个例子，可以得到以下结论：彼此不认识，那就不相关，就有秩序，问题就好解决；反之，彼此相关，就没有秩序，问题就不好解决。所以，数学中定义，矩阵中最大的不相关的向量的个数，叫作秩，可以理解为有秩序的程度。从社会学角度考虑一下，政府机关是讲人际关系的地方，可谓是关系错综复杂，显然这些部门用矩阵来说，就不满秩，秩非常小。

1. 低秩的意义

（1）矩阵的秩。

线性代数中的"秩"见下面的例子：

$$\begin{cases} 3x + 5y + z = 15 \\ x - y + z = 8 \\ 2x - 2y + 2 = 16 \end{cases} \qquad （A.12）$$

对上面的线性方程组，第一个方程和第二个方程有不同的解，而第2个方程和第3个方程的解完全相同。从这个意义上说，第3个方程是"多余"的，因为它没有带来任何信息量，把它去掉，所得的方程组与原来的方程组同解。为了从方程组中去掉多余的方程，自然就导出了"矩阵的秩"这一概念。

在手工求矩阵 A 的秩的过程中，一般是通过矩阵初等变换把 A 化为阶梯形矩阵，若该阶梯矩阵有 r 个非零行，那么 A 的秩 rank(A) 就等于 r。从物理意义上来讲，矩阵的秩度量的就是矩阵的行列之间的相关性。如果矩阵的各行或列是线性无关的，矩阵就是满秩的，也就是秩等于行数。回到上面线性方程组来说，因为线方程组可以用矩阵描述。秩就表示了有多少个有用的方程。上面的方程组有3个方程，实际上只有2个有用的，一个是多余的，所以对应的矩阵的秩是2。

从上面的例子可以看出，秩可以度量相关性，而矩阵的相关性实际上就表示了矩阵的结构信息。如果矩阵之间各行的相关性很强，那么就表示这个矩阵实际可以投影到更低维的线性子空间，也就是用几个向量就可以完全表达了，它就是低秩的。也就是说，如果矩阵表达的是结构性信息，例如图像、用户—商品推荐表等，那么这个矩阵各行之间存在一定的相关性，那这个矩阵一般是低秩的。

如果 X 是一个 m 行 n 列的数值矩阵，rank(x) 是 x 的秩，假如 rank(x) 远小于 m 和 n，

则称 x 是低秩矩阵。低秩矩阵每行或每列都可以用其他的行或列线性表示，可见它包含大量的冗余信息。利用这种冗余信息，可以对数据进行恢复，也可以对数据进行特征提取。

总结一下：矩阵的秩的度量其实就是矩阵的行列之间的相关性。如果矩阵的各行或列是线性无关的，矩阵就是满秩的。非零元素的行数或列数决定了秩的多少。

（2）低秩（Low Rank）。

低秩是指矩阵的秩比较小，而矩阵的低秩性是指矩阵的秩相对矩阵的行数或列数而言很小。

图像处理中，rank 可以理解为图像所包含的信息的丰富程度，在现实生活中，一张图片大部分是相似的。比如一张大草原的图片可以理解为，草原是由很多草组成的，而草是相似的，所以如果全是草，那么这张图所包含的信息量是很少的，因为可以理解为草是草的复制品。而图中的蒙古包，人，马之类的则可以理解为图片所包含的信息，实际上，相对于只有草的草原图片和有草和蒙古包的草原图片，后者的秩是较高的。也就是说，图片中比较突兀的成分，比如蒙古包，比如人像照片中的红眼亮点，会增加图像矩阵的秩。而现实生活中一张不错的图片的秩其实是比较低的，如果图像的秩比较高，往往是因为图像中的噪声比较严重。比如拍照的时候 ISO 感光度设置过高造成噪点太过泛滥之类的。所以，图像处理的低秩性其实可以拿来去除照片中的噪点，电影中的雨丝也可以通过低秩表达的方式来去除。

注意：矩阵的低秩与稀疏是存在区别的。低秩是指矩阵的秩较小，稀疏是指矩阵中非零元素的个数少。如果对矩阵进行奇异值分解，并把其所有奇异值排列为一个向量，那么这个向量的稀疏性便对应于该矩阵的低秩性。

（3）低秩的意义。

由矩阵秩的定义知道，若将图像看成一个矩阵，那么它的基的数量越少，基对应的线性无关向量数量就越少，矩阵的秩就越小。当它远远小于矩阵的大小的时候，图像就是低秩的。低秩矩阵的每行或者每列都可以用其他的行或者列线性表示，这说明这个矩阵包含了大量的冗余信息。利用这种冗余信息可以对确实的图像信息进行恢复，可以将多出来的噪声信息进行去除，还可以对错误的图像信息进行恢复。

可以利用图像的低秩性来恢复图像，首先构建融合了低秩矩阵先验的模型，再求解这个模型得到低秩的矩阵。这种基于低秩矩阵逼近（LoW-Rank Matrix Approximation，LRMA）的模型称为低秩矩阵恢复模型（LRMR）。目前，LRMR 主要有鲁棒主成分分析（robustPCA，RPCA）、矩阵补全（matrix completion，MC）和低秩表示（low-rank representation，LRP）等三类模式。

2. 矩阵填补（Matrix Completion）

矩阵填补的应用很广泛，论文《Matrix completion by deep matrix factorization》就给出了矩阵填补的两个应用：图像修复（imagein painting）、协同过滤（Collaborative filtering）。

图像修复：简单来说就是通过矩阵填补模型将"打码"的图片修复成原来的图片，如图 A.9 所示。

▲ 图 A.9 图像修复

协同过滤：是推荐系统的一种模型，该方法通过分析用户的历史记录（主要是用户—商品评分矩阵）来给用户做出推荐。例如在看一部电影的时候，如果喜欢看，就会给它打个分，例如 3 颗星。然后系统，例如 Netflix 等知名网站就会分析这些数据，看看到底每部影片的题材到底是怎样的？针对每个人，喜欢怎样的电影，然后会给对应的用户推荐相似题材的电影。但有一个问题是：的网站上面有非常多的用户，也有非常多的影片，不是所有的用户都看过所有的电影，不是所有看过某电影的用户都会给它评分。假设用一个"用户—影片"的矩阵来描述这些记录，如图 A.10 中所展示，可以看到，会有很多空白的地方。如果这些空白的地方存在，是很难对这个矩阵进行分析的，所以在分析之前，一般需要先对其进行补全。也叫矩阵填充。

基于低秩矩阵进行矩阵填充的过程，叫作低秩矩阵重构问题，它可以用如下的模型表述：已知数据是一个给定的 $m \times n$ 矩阵 A，如果其中一些元素因为某种原因丢失了，能否根据其他行和列的元素，将这些元素恢复？当然，如果没有其他的参考条件，想要确定这些数据很困难。但如果已知 A 的秩 $\mathrm{rank}(A) \ll m$ 且 $\mathrm{rank}(A) \ll n$，那么就可以通过矩阵各行（列）之间的线性相关将丢失的元素求出。实际上，待恢复矩阵是低秩的这一假定是十分合理的，比如一个用户对某电影评分是其他用户对这部电影评分的线性组合。所以，通过低秩重构就可以预测用户对其未评价过的视频的喜好程度，从而对矩阵进行填充。

电影 用户	《生化危机》	《复仇者联盟》	《金刚狼》	《鬼吹灯》
小王	4	4	5	4
小庄	3	4	4	3
小黄	2	3		3
小李	3	5	4	

▲ 图 A.10　协同过滤示例

二、大模型低秩适配器 LoRA

1. 全参数微调

微调的含义就是把已经训练好的模型（pretrain edmodel）拿来，喂给它特定的下游任务数据，使得模型在预训练权重上继续训练，直至满足下游任务性能标准。预训练模型就像一个特征提取器，能够基于先前训练数据中学到的经验，为提取有效的特征，大大提升下游任务的训练效果和收敛速度。

全量微调指的是，在下游任务的训练中，对预训练模型的每一个参数都做更新。例如，图 A.11 中给出了 Transformer 的 Q/K/V 矩阵的全量微调示例，对每个矩阵来说，在微调时，其 $d \times d$ 个参数，都必须参与更新。

全量微调的显著缺点是，训练代价昂贵。例如 GPT3 的参数量有 175B，大部分人只能望而却步，更不要提在微调中发现有 bug 时的覆水难收。同时，由于模型在预训练阶段已经吃了足够多的数据，收获了足够的经验，因此只要想办法给模型增加一个额外知识模块，让这个小模块去适配下游任务，模型主体保持不变（freeze）即可。

▲ 图 A.11   Transformer 的 $Q/K/V$ 矩阵全量微调示例

2. Adapter Tuning 与 Prefix Tuning

来看在 LoRA 出现前，两种主流的局部微调办法：Adapter Tuning 与 Prefix Tuning。这也是 LoRA 的原始论文中，重点比对的两种微调方式。

（1）Adapter Tuning。

Adapter Tuning 的方法有很多种，这里举出 Houlsbyetal 2019 提出的方法，这也是 LoRA 论文中提及这项技术时所引用的第一篇文章。图 A.12 为适配器模块的结构及其在 Transformer 中的集成方式，图 A.12（a）是一层 Transformer Layer 结构，其中的 Adapter 就是"额外知识模块"；在每个 Transformer 层中，适配器模块被添加两次，分别位于多头注意力后的投影层之后以及两个前馈层之间。

图 A.12（b）是 Adatper 的具体结构。在微调时，除了 Adapter 的部分，其余的参数都是被冻住的（freeze），这样就能有效降低训练的代价。适配器模块包含一个瓶颈结构，其参数数量相对于原始模型中的注意力层和前馈层较少。模块中还包含跳跃连接。在适配器微调过程中，图 A.12 标为绿色的层将在下游任务数据上进行训练，包括适配器、本层的层归一化参数以及最终的分类层（图中未显示）。

但这样的设计架构存在一个显著劣势：添加了 Adapter 后，模型整体的层数变深，会增加训练速度和推理速度，原因如下：

1）需要耗费额外的运算量在 Adapter 上；

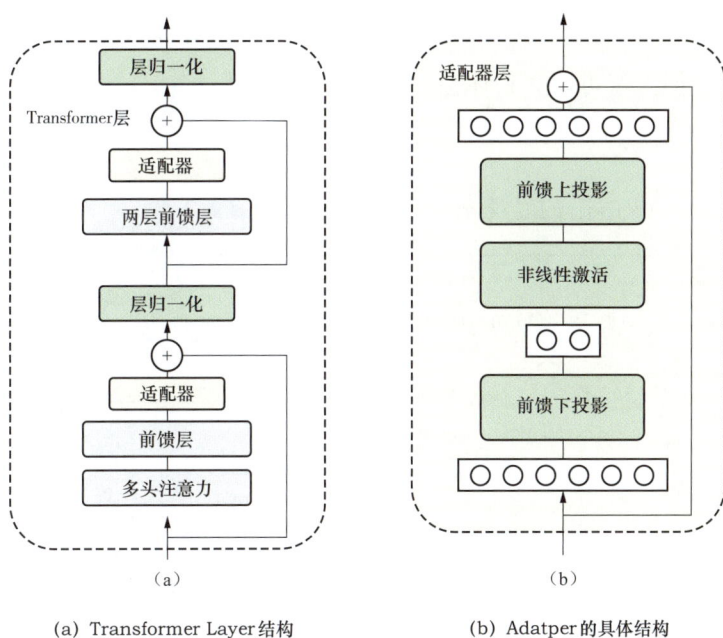

(a) Transformer Layer 结构　　　　(b) Adatper 的具体结构

▲ 图 A.12　AdapterTuning 示例

2）采用并行训练时（例如Transformer架构常用的张量模型并行），Adapter层会产生额外的通信量，增加通信时间。

（2）Prefix Tuning。

Prefix Tuning的方法也有很多种，以LiLiang，2021这篇论文为例，在该论文中作者通过对输入数据增加前缀（prefix）来做微调。当然，prefix也可以不止加载输入层，还可以加在Transformer-Layer输出的中间层。

如图 A.13 所示，对于 GPT 这样的生成式模型，在输入序列的最前面加入Prefixtoken，图例中加入 2 个 prefixtoken，在实际应用中，prefix token 的个数是个超参，可以根据模型实际微调效果进行调整。对于BART这样的Encoder-Decoder架构模型，则在 x 和 y 的前面同时添加prefixtoken。在后续微调中，只需要冻住模型其余部分，单独训练prefixtoken相关的参数即可，每个下游任务都可以单独训练一套prefixtoken。

prefix的作用是引导模型提取 x 相关的信息，进而更好地生成 y。例如，要做一个summarization的任务，那么经过微调后，prefix就能领悟到当前要做的是个"总结形式"的任务，然后引导模型去 x 中提炼关键信息；如果要做一个情感分类的任务，

prefix 就能引导模型去提炼出 x 中和情感相关的语义信息，以此类推。这样的解释可能不那么严谨，但大家可以大致体会一下 prefix 的作用。

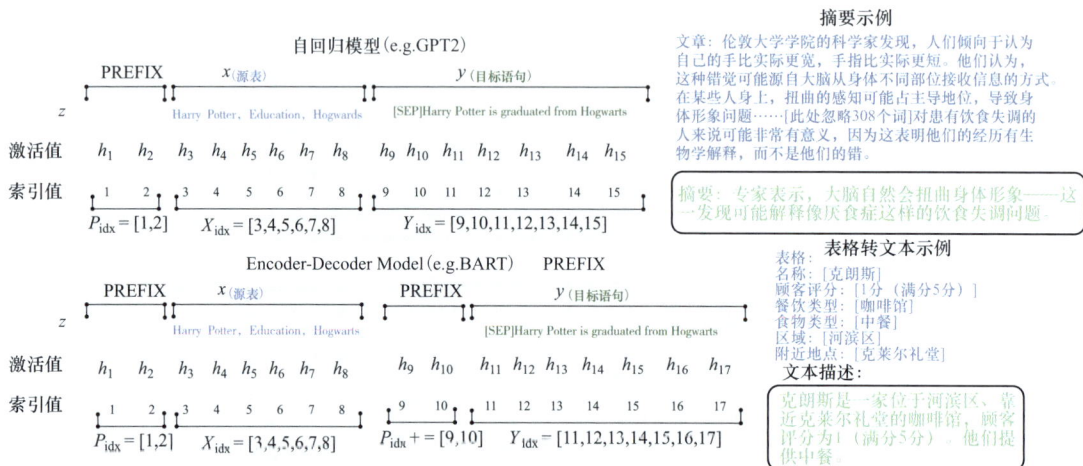

图2为使用自回归语言模型（顶部）和编码器-解码器模型（底部）进行前缀调优的带注释示例。前缀激活 $vi \in Pidx$，hi 来自一个可训练的矩阵 P_θ。其余激活由Transformer计算得出。

▲ 图 A.13　GTP 中的 PrefixTuning 示例

PrefixTuning虽然看起来方便，但也存在以下两个显著劣势：

1）较难训练，且模型的效果并不严格随 prefix 参数量的增加而上升，这点在原始论文中也有指出；

2）会使得输入层有效信息长度减少。为了节省计算量和显存，一般会固定输入数据长度。增加了 prefix 之后，留给原始文字数据的空间就少了，因此可能会降低原始文字中 prompt 的表达能力。

3. LoRA

根据上文的介绍，全参数微调太贵，Adapter Tuning存在训练和推理延迟，PrefixTuning难训且会减少原始训练数据中的有效文字长度。在这样动机的驱动下，作者提出了LoRA（Low-Rank Adaptation，低秩适配器）这样一种微调方法。本节抛开对"低秩""适配器"这样抽象词语的解释，介绍LoRA的整体架构，以及使用方法。

（1）LoRA整体架构。

LoRA的整体架构如图A.14所示，左侧表示"全参数finetune"的场景。将参数分成了两个部分：

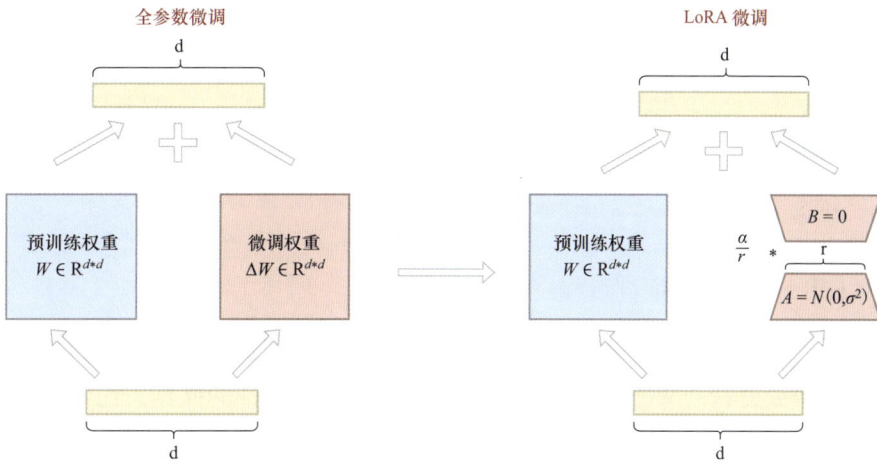

▲ 图 A.14　LoRA 整体架构

1）$W \in R_d \times d$：与训练权重。

2）$\triangle W \in R_d \times d$：finetune 增量权重。

之所以这么拆分，是因为全参数 finetune 可以理解成"冻住的预训练权重"+"微调过程中产生的权重更新量"。设输入为 x，输出为 h，则有：

$$h=W_X+\triangle W_X \tag{A.13}$$

图 A.14 中右侧表示"LoRA finetune"的场景。在 LoRA 中，用矩阵 A 和 B 来近似表达 $\triangle W$：

1）$A \in R_r \times d$：低秩矩阵 R，其中 r 被称为"秩"，对 A 用高斯初始化。

2）$B \in R_d \times r$：低秩矩阵 B，对 B 采用零初始化。

经过这样一番拆分，将 $\triangle W$ 改写成 $\triangle W=B$ 的形式，使得微调参数量从 $d \times d$ 降低至 $2 \times r \times d$，同时不改变输出数据的维度，即在 LoRA 下有

$$h=W_X+\text{BAX} \tag{A.14}$$

另外，在原论文中提到过对于两个低秩矩阵，会用超参 α（一个常数）来做调整，这个超参是作为 scalingrate 直接和低秩矩阵相乘的，也就是最终的输出为：

$$h = W_X + \frac{\alpha}{r}\text{BAX} \tag{A.15}$$

在实际操作中，一般取 $\alpha \geq r$，例如在 LoRA 源码对 GPT2 微调，做 NLG 任务时，就取 $\alpha=32$，$r=4$。

需要注意的是，这里对 A 采用高斯初始化和对 B 采用零初始化的目的是，让训练刚开始时 B 的值为 0，这样不会给模型带来额外的噪声。从实际的应用中来看，当前作者还没有发现转换 A,B 初始化方式产生的显著区别，只要这两者中任意一者为 0，另一者不为 0 即可。即，对 A 做零初始化，对 B 做高斯初始化，保证 B、A 初始化为 0 就行。

（2）LoRA 的训练和推理过程。

前文介绍了 LoRA 的整体架构：在原始预训练矩阵的旁路上，用低秩矩阵 A 和 B 来近似替代增量更新 $\triangle W$。你可以在想要的模型层上做这样的操作，比如 Transformer 中的 W_q, W_k, W_v, W_o、MLP 层的权重、甚至是 Embedding 部分的权重。在 LoRA 原始论文中，只对 Attention 部分的参数做了低秩适配，但在实际操作中，可以灵活根据需要设置实验方案，找到最佳的适配方案。

1）在训练过程中，会固定住预训练权重 W，只对低秩矩阵 A 和 B 进行训练。在保存权重时，只需保存低秩矩阵的部分即可。按照 LoRA 论文中的统计，这样的操作使得在微调 GPT 3175 B 时，显存消耗从 1.2TB 降至 350GB；当 $r=4$ 时，最终保存的模型从 350GB 降至 35MB，极大降低了训练的开销。

关于训练部分，再来看一个有趣的问题：总体上来看，LoRA 对显存的节约是显著的，但是在训练的每一时刻，LoRA 都能做到节省显存吗？

考虑 backward 时对 B 计算梯度，根据 $h=W_x+BAX=W_{sumx}$，有：

$$\frac{\partial L}{\partial B} = \frac{\partial L}{\partial h} \frac{\partial h}{\partial W_{sum}} \frac{\partial W_{sum}}{\partial B} = \frac{\partial L}{\partial h} X^T \frac{\partial W_{sum}}{\partial B} \tag{A.16}$$

注意到 $\frac{\partial L}{\partial h} X^T$ 这一项和预训练权重 W 的维度 d*d 一模一样，也就是为了计算 B 的梯度，需要用到和全参数微调过程中一样大小的中间值结果。因此对 LoRA 来说，这一层的峰值显存，和全量微调基本是一致的 $\left(\text{算上} \frac{\partial W_{sum}}{\partial B} \text{一项的话则高于全量微调}\right)$。

LoRA 能从整体上降低显存使用，一方面，是因为 LoRA 并不是作用在模型的每一层，例如论文里的 LoRA 只作用在 attention 部分；另一方面，LoRA 虽然会导致某一层的峰值显存高于全量微调，但计算完梯度后，这个中间结果就可以被清掉了，不会一致保存；此外当待训练权重从 $d \times d$ 降为 $2 \times r \times d$ 时，需要保存的 optimizer states 也减少了。

2）在推理过程中，按照 $W = W + \dfrac{\alpha}{r}BA$ 的方式，合并低秩矩阵和预训练权重，然后正常做 forward 推理。这样完全不会更改模型的架构，因此不会像 Adapter Tuning 一样产生推理上的延时。图 A.15 中展示了论文中的实验效果，推理时长的单位是 milliseconds，可以发现，LoRA 的推理速度显著高于 Adapter Tuning。中型 GPT-2 单次前向传播的推理延迟（单位：ms），取 100 次试验的平均值。使用 NVIDIA Quadro RTX8000 进行测量。"$|\Theta|$"表示适配器层中可训练参数的数量。低层适配器和高层适配器是两种适配器微调的变体，具体描述见第五章第一节。在线、短序列的场景下，适配器层引入的推理延迟可能较为显著。

在切换不同下游任务时，我们可以灵活从 W 中移除低秩权重的部分。例如先做下游任务 A，做完后通过 $W = W + \dfrac{\alpha}{r}BA$ 合并权重，并单独保留低秩权重 A，B。当切换到下游任务 B 时，可以通过从 W 中减去低秩权重部分，然后再开启新的 LoRA 微调。也就是说，每个下游任务，都可以有自己的一套低秩权重。

在每次微调结束后，也可以将"预训练权重"和"低秩权重"分开存储，不一定要把低秩权重合进 W 中，可以根据实际需求灵活改变。

批大小 序列长度 $|\Theta|$	32 512 0.5M	16 256 11M	1 128 11M
lora微调	1449.4±0.8	338.0±0.6	19.8±2.7
低层适配器 高层适配器	1482.0±1.0 (+2.2%) 1492.2±1.0 (+3.0%)	354.8±0.5 (+5.0%) 366.3±0.5 (+8.4%)	23.9±2.1 (+20.7%) 25.8±2.2 (+30.3%)

▲ 图 A.15　LoRA 论文中的实验效果

参考文献

［1］ Everson D, Cheng L, Zhang Z. Log4shell: Redefining the Web attack surface ［C］//Proc. Workshop Meas., Attacks, Defenses Web (MADWeb). 2022: 1–8. .

［2］ Rumelhart D E, Hinton G E, Williams R J. Learning representations by back-propagating errors ［J］. nature, 1986, 323(6088): 533–536.

［3］ Lecun Y , Bottou L .Gradient-based learning applied to document recognition ［J］. Proceedings of the IEEE, 1998, 86(11):2278–2324.DOI:10.1109/5.726791.

［4］ Cortes C, Vapnik V. Support-vector networks ［J］. Machine learning, 1995, 20: 273–297.

［5］ Memory L S T. Sepp hochreiter and jürgen schmidhuber ［J］. Neural Computation, 1997, 9(8): 1735.

［6］ Hinton G E, Osindero S, Teh Y W. A fast learning algorithm for deep belief nets ［J］. Neural computation, 2006, 18(7): 1527–1554.

［7］ Krizhevsky A, Sutskever I, Hinton G E. Imagenet classification with deep convolutional neural networks ［J］. Advances in neural information processing systems, 2012, 25.

［8］ Goodfellow I J, Pouget-Abadie J, Mirza M, et al. Generative adversarial nets ［J］. Advances in neural information processing systems, 2014, 27.

［9］ Ashish V. Attention is all you need ［J］. Advances in neural information processing systems, 2017, 30: I.

［10］ McDonald A. Spam Assassin: A practical guide to integration and configuration ［M］. Packt Publishing Ltd, 2004.

［11］ Freitas S, Kalajdjieski J, Gharib A, et al. AI-Driven Guided Response for Security Operation Centers with Microsoft Copilot for Security ［C］//Companion Proceedings of the ACM on Web Conference 2025. 2025: 191–200.

［12］Le Goues C, Nguyen T V, Forrest S, et al. Genprog: A generic method for automatic software repair［J］. Ieee transactions on software engineering, 2011, 38(1): 54–72.

［13］Yu B, Qi H, Guo Q, et al. Deeprepair: Style–guided repairing for deep neural networks in the real–world operational environment［J］. IEEE Transactions on Reliability, 2021, 71(4): 1401–1416.

［14］Oord A, Dieleman S, Zen H, et al. Wavenet: A generative model for raw audio［J］. arXiv preprint arXiv:1609.03499, 2016.

［15］赵澄, 陈君新. 基于隐马尔可夫模型的反射型 XSS 检测技术［J］. 浙江工业大学学报, 2019,4.

［16］Warrender C, Forrest S, Pearlmutter B. Detecting intrusions using system calls: Alternative data models［C］//Proceedings of the 1999 IEEE symposium on security and privacy (Cat. No. 99CB36344). IEEE, 1999: 133–145.

［17］Lane T D. Machine learning techniques for the computer security domain of anomaly detection［M］. Purdue University, 2000.

［18］孙宏伟, 田新广, 李学春, 等. 一种改进的 IDS 异常检测模型［J］. 计算机学报, 2003, 26(11): 1450–1455.

［19］邬书跃, 田新广. 基于隐马尔可夫模型的用户行为异常检测新方法［J］. 通信学报, 2007, 4.

［20］Nguyen S N, Nguyen V Q, Choi J, et al. Design and implementation of intrusion detection system using convolutional neural network for DoS detection［C］// Proceedings of the 2nd international conference on machine learning and soft computing. 2018: 34–38.

［21］Vinayakumar R, Soman K P, Poornachandran P. Evaluation of recurrent neural network and its variants for intrusion detection system (IDS)［J］. International Journal of Information System Modeling and Design (IJISMD), 2017, 8(3): 43–63.

［22］Zarai R. Recurrent neural networks & deep neural networks based on intrusion detection system［J］. Open Access Library Journal, 2020, 7(3): 1.

［23］于春光, 孙远航, 李光耀, 等. 基于改进 LSTM 方法的安全态势感知模型研究

[J]. Computer Science and Application, 2021, 11: 1411.

[24] Kim T Y, Cho S B. Web traffic anomaly detection using C–LSTM neural networks [J]. Expert Systems with Applications, 2018, 106: 66–76.

[25] Guo H, Lin X, Yang J, et al. Translog: A unified transformer–based framework for log anomaly detection [J]. arXiv preprint arXiv:2201.00016, 2021.

[26] Battaglia P W, Hamrick J B, Bapst V, et al. Relational inductive biases, deep learning, and graph networks [J]. arXiv preprint arXiv:1806.01261, 2018.

[27] Zonghan Wu et al. "A comprehensive survey on graph neural networks". In: *IEEE transactions on neural networks and learning systems* 32.1 (2020), pp. 4–24.Wu Z, Pan S, Chen F, et al. A comprehensive survey on graph neural networks [J]. IEEE transactions on neural networks and learning systems, 2020, 32(1): 4–24.

[28] Gori M, Monfardini G, Scarselli F. A new model for learning in graph domains [C]// Proceedings. 2005 IEEE international joint conference on neural networks, 2005. IEEE, 2005, 2: 729–734.

[29] Scarselli F, Gori M, Tsoi A C, et al. The graph neural network model [J]. IEEE transactions on neural networks, 2008, 20(1): 61–80.

[30] Gallicchio C, Micheli A. Fast and deep graph neural networks [C]//Proceedings of the AAAI conference on artificial intelligence. 2020, 34(4): 3898–3905.

[31] Henaff M, Bruna J, LeCun Y. Deep convolutional networks on graph–structured data [J]. arXiv preprint arXiv:1506.05163, 2015.

[32] Kipf T N, Welling M. Variational graph auto–encoders [J]. arXiv preprint arXiv:1611.07308, 2016.

[33] Velickovic P, Cucurull G, Casanova A, et al. Graph attention networks [J]. stat, 2017, 1050(20): 10–48550.

[34] Li Y, Yu R, Shahabi C, et al. Diffusion convolutional recurrent neural network: Data–driven traffic forecasting [J]. arXiv preprint arXiv:1707.01926, 2017.

[35] Jain A, Zamir A R, Savarese S, et al. Structural–rnn: Deep learning on spatio–temporal graphs [C]//Proceedings of the ieee conference on computer vision and pattern recognition. 2016: 5308–5317.

［36］Yan S, Xiong Y, Lin D. Spatial temporal graph convolutional networks for skeleton-based action recognition［C］//Proceedings of the AAAI conference on artificial intelligence. 2018, 32(1).

［37］Yang W, Gao P, Huang H, et al. RShield: A refined shield for complex multi-step attack detection based on temporal graph network［C］//International Conference on Database Systems for Advanced Applications. Cham: Springer International Publishing, 2022: 468-480.

［38］Yang W, Gao P, Huang H, et al. Advanced persistent threat detection in smart grid clouds using spatiotemporal context-aware graph embedding［C］//GLOBECOM 2022—2022 IEEE global communications conference. IEEE, 2022: 534-540.

［39］Ding K, Li J, Bhanushali R, et al. Deep anomaly detection on attributed networks［C］//Proceedings of the 2019 SIAM international conference on data mining. Society for Industrial and Applied Mathematics, 2019: 594-602.

［40］Fan H, Zhang F, Li Z. Anomalydae: Dual autoencoder for anomaly detection on attributed networks［C］//ICASSP 2020—2020 IEEE International Conference on Acoustics, Speech and Signal Processing (ICASSP). IEEE, 2020: 5685-5689.

［41］Zheng L, Li Z, Li J, et al. AddGraph: Anomaly Detection in Dynamic Graph Using Attention-based Temporal GCN［C］//IJCAI. 2019, 3: 7.

［42］Xue L, Chen Y, Luo M, et al. An anomaly detection framework for time-evolving attributed networks［J］. Neurocomputing, 2020, 407: 39-49.

［43］Breunig M M, Kriegel H P, Ng R T, et al. LOF: identifying density-based local outliers［C］//Proceedings of the 2000 ACM SIGMOD international conference on Management of data. 2000: 93-104.

［44］Xu X, Yuruk N, Feng Z, et al. Scan: a structural clustering algorithm for networks［C］//Proceedings of the 13th ACM SIGKDD international conference on Knowledge discovery and data mining. 2007: 824-833.

［45］Perozzi B, Akoglu L. Scalable anomaly ranking of attributed neighborhoods［C］//Proceedings of the 2016 SIAM international conference on data mining. Society for Industrial and Applied Mathematics, 2016: 207-215.

［46］ Ranshous S, Harenberg S, Sharma K, et al. A scalable approach for outlier detection in edge streams using sketch–based approximations ［C］//Proceedings of the 2016 SIAM international conference on data mining. Society for Industrial and Applied Mathematics, 2016: 189–197.

［47］ Yu W, Cheng W, Aggarwal C C, et al. Netwalk: A flexible deep embedding approach for anomaly detection in dynamic networks ［C］//Proceedings of the 24th ACM SIGKDD international conference on knowledge discovery & data mining. 2018: 2672–2681.

［48］ Xue L, Chen Y, Luo M, et al. An anomaly detection framework for time–evolving attributed networks ［J］. Neurocomputing, 2020, 407: 39–49.

［49］ Li J, Dani H, Hu X, et al. Radar: Residual analysis for anomaly detection in attributed networks ［C］//IJCAI. 2017, 17: 2152–2158.

［50］ Peng Z, Luo M, Li J, et al. ANOMALOUS: A Joint Modeling Approach for Anomaly Detection on Attributed Networks ［C］//IJCAI. 2018, 18: 3513–3519.

［51］ Nataraj L, Karthikeyan S, Jacob G, et al. Malware images: visualization and automatic classification ［C］//Proceedings of the 8th international symposium on visualization for cyber security. 2011: 1–7.

［52］ Li Y, Gu C, Dullien T, et al. Graph matching networks for learning the similarity of graph structured objects ［C］//International conference on machine learning. PMLR, 2019: 3835–3845.

［53］ Hassan W U, Bates A, Marino D. Tactical provenance analysis for endpoint detection and response systems ［C］//2020 IEEE symposium on security and privacy (SP). IEEE, 2020: 1172–1189.

［54］ Zhang Y, Krogmeier J V, Ault A, et al. APT3: Automated product traceability trees generated from GPS tracks ［J］. Transactions of the ASABE, 2020, 63(3): 571–582.

［55］ ATT&CK M. Mitre att&ck ［J］.

［56］ Han X, Pasquier T, Ranjan T, et al. {FRAPpuccino}: Fault–detection through Runtime Analysis of Provenance ［C］//9th USENIX Workshop on Hot Topics in Cloud Computing (HotCloud 17). 2017.

［57］ Han X, Pasquier T, Bates A, et al. Unicorn: Runtime provenance–based detector for advanced persistent threats［J］. arXiv preprint arXiv:2001.01525, 2020.

［58］Pasquier T, Han X, Goldstein M, et al. Practical whole–system provenance capture［C］// Proceedings of the 2017 Symposium on Cloud Computing. 2017: 405–418.

［59］Manzoor E, Milajerdi S M, Akoglu L. Fast memory–efficient anomaly detection in streaming heterogeneous graphs［C］//Proceedings of the 22nd ACM SIGKDD international conference on knowledge discovery and data mining. 2016: 1035–1044.

［60］Shen Y, Mariconti E, Vervier P A, et al. Tiresias: Predicting security events through deep learning［C］//Proceedings of the 2018 ACM SIGSAC Conference on Computer and Communications Security. 2018: 592–605.

［61］Glasser J, Lindauer B. Bridging the gap: A pragmatic approach to generating insider threat data［C］//2013 IEEE Security and Privacy Workshops. IEEE, 2013: 98–104.

［62］Liu F, Wen Y, Zhang D, et al. Log2vec: A heterogeneous graph embedding based approach for detecting cyber threats within enterprise［C］//Proceedings of the 2019 ACM SIGSAC conference on computer and communications security. 2019: 1777–1794.

［63］Kent A D. Cyber security data sources for dynamic network research［M］//Dynamic Networks and Cyber–Security. 2016: 37–65.

［64］陶建华, 聂帅, 车飞虎. 语言大模型的演进与启示［J］. 中国科学基金, 2023, 37(5): 767–775.

［65］Yang J, Jin H, Tang R, et al. Harnessing the power of llms in practice: A survey on chatgpt and beyond［J］. ACM Transactions on Knowledge Discovery from Data, 2024, 18(6): 1–32.

［66］Hu E J, Shen Y, Wallis P, et al. Lora: Low–rank adaptation of large language models［J］. ICLR, 2022, 1(2): 3.

［67］Houlsby N, Giurgiu A, Jastrzebski S, et al. Parameter–efficient transfer learning for NLP［C］//International conference on machine learning. PMLR, 2019: 2790–2799.

［68］Stiennon N, Ouyang L, Wu J, et al. Learning to summarize with human feedback［J］. Advances in neural information processing systems, 2020, 33: 3008–3021.

［69］Rafailov R, Sharma A, Mitchell E, et al. Direct preference optimization: Your language model is secretly a reward model［J］. Advances in Neural Information Processing Systems, 2023, 36: 53728–53741.

［70］ Wei J, Wang X, Schuurmans D, et al. Chain–of–thought prompting elicits reasoning in large language models［J］. Advances in neural information processing systems, 2022, 35: 24824–24837.

［71］ Yao S, Yu D, Zhao J, et al. Tree of thoughts: Deliberate problem solving with large language models［J］. Advances in neural information processing systems, 2023, 36: 11809–11822.

［72］ Liu B, Jiang Y, Zhang X, et al. Llm+ p: Empowering large language models with optimal planning proficiency［J］. arXiv preprint arXiv:2304.11477, 2023.

［73］ Yao S, Zhao J, Yu D, et al. React: Synergizing reasoning and acting in language models［C］//International Conference on Learning Representations (ICLR). 2023.

［74］ Li M, Zhao Y, Yu B, et al. Api–bank: A comprehensive benchmark for tool–augmented llms［J］. arXiv preprint arXiv:2304.08244, 2023.

［75］ Edge D, Trinh H, Cheng N, et al. From local to global: A graph rag approach to query–focused summarization［J］. arXiv preprint arXiv:2404.16130, 2024.

［76］ Deng G, Liu Y, Mayoral–Vilches V, et al. {PentestGPT}: Evaluating and harnessing large language models for automated penetration testing［C］//33rd USENIX Security Symposium (USENIX Security 24). 2024: 847–864.

［77］ Fang R, Bindu R, Gupta A, et al. Llm agents can autonomously exploit one–day vulnerabilities［J］. arXiv preprint arXiv:2404.08144, 2024, 13: 14.

［78］ Mitra S, Neupane S, Chakraborty T, et al. Localintel: Generating organizational threat intelligence from global and local cyber knowledge［J］. arXiv preprint arXiv:2401.10036, 2024.

［79］ Siracusano G, Sanvito D, Gonzalez R, et al. Time for action: Automated analysis of cyber threat intelligence in the wild［J］. arXiv preprint arXiv:2307.10214, 2023.

［80］ Wang J, Huang Z, Liu H, et al. Defecthunter: A novel llm–driven boosted–conformer–based code vulnerability detection mechanism［J］. arXiv preprint arXiv:2309.15324, 2023.

［81］ Mao Z, Li J, Jin D, et al. Multi−role consensus through llms discussions for vulnerability detection ［C］//2024 IEEE 24th International Conference on Software Quality, Reliability, and Security Companion (QRS−C). IEEE, 2024: 1318−1319.

［82］ Qi J, Huang S, Luan Z, et al. Loggpt: Exploring chatgpt for log−based anomaly detection ［C］//2023 IEEE International Conference on High Performance Computing & Communications, Data Science & Systems, Smart City & Dependability in Sensor, Cloud & Big Data Systems & Application (HPCC/DSS/SmartCity/DependSys). IEEE, 2023: 273−280.

［83］ Castelvecchi D. Can we open the black box of AI? ［J］. Nature News, 2016, 538(7623): 20.

［84］ Tjoa E, Guan C. A survey on explainable artificial intelligence (xai): Toward medical xai ［J］. IEEE transactions on neural networks and learning systems, 2020, 32(11): 4793−4813.

［85］ Gunning D, Aha D. DARPA's explainable artificial intelligence (XAI) program ［J］. AI magazine, 2019, 40(2): 44−58.

［86］ Adi Y, Kermany E, Belinkov Y, et al. Fine−grained analysis of sentence embeddings using auxiliary prediction tasks ［J］. arXiv preprint arXiv:1608.04207, 2016.

［87］ Zhang Q, Wu Y N, Zhu S C. Interpretable convolutional neural networks ［C］// Proceedings of the IEEE conference on computer vision and pattern recognition. 2018: 8827−8836.

［88］ Hassan W U, Guo S, Li D, et al. Nodoze: Combatting threat alert fatigue with automated provenance triage ［C］//network and distributed systems security symposium. 2019.

［89］ Milajerdi S M, Gjomemo R, Eshete B, et al. Holmes: real−time apt detection through correlation of suspicious information flows ［C］//2019 IEEE symposium on security and privacy (SP). IEEE, 2019: 1137−1152.

［90］ Adadi A, Berrada M. Peeking inside the black−box: a survey on explainable artificial intelligence (XAI) ［J］. IEEE access, 2018, 6: 52138−52160.

［91］ Ribeiro M T, Singh S, Guestrin C. "Why should i trust you?" Explaining the predictions of any classifier ［C］//Proceedings of the 22nd ACM SIGKDD international conference on knowledge discovery and data mining. 2016: 1135−1144.

［92］Guo W, Mu D, Xu J, et al. Lemna: Explaining deep learning based security applications［C］//proceedings of the 2018 ACM SIGSAC conference on computer and communications security. 2018: 364–379.

［93］Shrikumar A, Greenside P, Kundaje A. Learning important features through propagating activation differences［C］//International conference on machine learning. PMlR, 2017: 3145–3153.

［94］Lundberg S M, Lee S I. A unified approach to interpreting model predictions［J］. Advances in neural information processing systems, 2017, 30.

［95］Ying Z, Bourgeois D, You J, et al. Gnnexplainer: Generating explanations for graph neural networks［J］. Advances in neural information processing systems, 2019, 32.

［96］Luo D, Cheng W, Xu D, et al. Parameterized explainer for graph neural network［J］. Advances in neural information processing systems, 2020, 33: 19620–19631.

［97］Vu M, Thai M T. Pgm–explainer: Probabilistic graphical model explanations for graph neural networks［J］. Advances in neural information processing systems, 2020, 33: 12225–12235.

［98］Developers T F. TensorFlow［J］. Zenodo, 2022.

［99］Antiga L P G, Stevens E, Viehmann T. Deep learning with PyTorch［M］. Simon and Schuster, 2020.

［100］Shen S, Dong Z, Ye J, et al. Q–bert: Hessian based ultra low precision quantization of bert［C］//Proceedings of the AAAI Conference on Artificial Intelligence. 2020, 34(5): 8815–8821.

［101］Jacob B, Kligys S, Chen B, et al. Quantization and training of neural networks for efficient integer–arithmetic–only inference［C］//Proceedings of the IEEE conference on computer vision and pattern recognition. 2018: 2704–2713.

［102］He Y, Lin J, Liu Z, et al. Amc: Automl for model compression and acceleration on mobile devices［C］//Proceedings of the European conference on computer vision (ECCV). 2018: 784–800.

［103］Hinton G, Vinyals O, Dean J. Distilling the knowledge in a neural network［J］. arXiv preprint arXiv:1503.02531, 2015.

［104］Sanh V, Debut L, Chaumond J, et al. DistilBERT, a distilled version of BERT: smaller, faster, cheaper and lighter ［J］. arXiv preprint arXiv:1910.01108, 2019.

［105］Jiao X, Yin Y, Shang L, et al. Tinybert: Distilling bert for natural language understanding ［J］. arXiv preprint arXiv:1909.10351, 2019.

［106］Tang R, Lu Y, Liu L, et al. Distilling task-specific knowledge from bert into simple neural networks ［J］. arXiv preprint arXiv:1903.12136, 2019.

［107］Sun S, Cheng Y, Gan Z, et al. Patient knowledge distillation for bert model compression ［J］. arXiv preprint arXiv:1908.09355, 2019.

［108］Cheng H, Zhang M, Shi J Q. A survey on deep neural network pruning: Taxonomy, comparison, analysis, and recommendations ［J］. IEEE Transactions on Pattern Analysis and Machine Intelligence, 2024.

［109］Hongrong Cheng, Miao Zhang, and Javen Qinfeng Shi. "A survey on deep neural network pruning-taxonomy, comparison, analysis, and recommendations". *In: arXiv preprint arXiv:2308.06767 (2023).*

［110］Filters' Importance D. Pruning Filters for Efficient ConvNets ［J］. 2016.

［111］He Y, Zhang X, Sun J. Channel pruning for accelerating very deep neural networks ［C］// Proceedings of the IEEE international conference on computer vision. 2017: 1389-1397.

［112］Huang Z, Wang N. Data-driven sparse structure selection for deep neural networks ［C］// Proceedings of the European conference on computer vision (ECCV). 2018: 304-320.